1

2年生で習った かけ算①

かけ算九九は全部おぼえているかな。
すらすら言えるかたしかめてみよう。

1 かけ算をしましょう。

① 5×2 =10

② 6×3

③ 7×5

④ 9×2

⑤ 1×8

⑥ 4×6

⑦ 3×9

⑧ 8×8

⑨ 2×4

⑩ 5×9

⑪ 6×7

⑫ 9×7

⑬ 8×4

⑭ 2×8

⑮ 7×7

⑯ 6×1

⑰ 8×5

⑱ 7×4

⑲ 3×7

⑳ 4×8

㉑ 9×8

㉒ 8×6

2 かけ算をしましょう。

① 3×3　　　　② 2×7　　　　③ 9×1

④ 5×6　　　　⑤ 7×8　　　　⑥ 9×6

⑦ 8×3　　　　⑧ 6×2　　　　⑨ 7×9

⑩ 1×5　　　　⑪ 6×4　　　　⑫ 7×6

⑬ 8×9　　　　⑭ 9×9　　　　⑮ 4×7

⑯ 6×8

テストに
出る
うんこ

大ヒット
うんこソング
ベストテン

知らない歌は、おうちのひとにきいてみよう！

★ 第10位

風の中のうんこ ～windy love～

ウンコ・アンド・マシンガン

とにかくカッコいい
うんこバンドの
代表的うんこ曲！

2

うんこドリル

東京大学との共同研究で学力向上・学習意欲向上が実証されました！

❶ 学習効果 UP！⬆

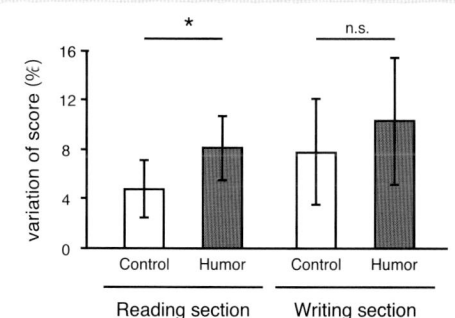

※「うんこドリル」とうんこではないドリルの、正答率の上昇を示したもの。
Control＝うんこではないドリル ／ Humor＝うんこドリル
Reading section＝読み問題 ／ Writing section＝書き問題

うんこドリルで学習した場合の成績の上昇率は、うんこではないドリルで学習した場合と比較して**約60％**高いという結果になったのじゃ！

> オレンジのグラフがうんこドリルの学習効果なのじゃ！

❷ 学習意欲 UP！⬆

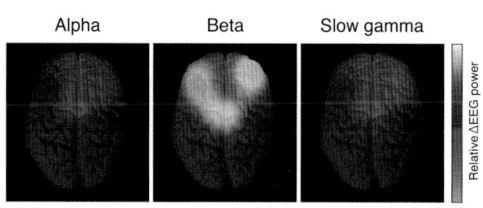

Alpha　　Beta　　Slow gamma

Relative ΔEEG power

※「うんこドリル」とうんこではないドリルの閲覧時の、脳領域の活動の違いをカラーマップで表したもの。左から「アルファ波」「ベータ波」「スローガンマ波」。明るい部分ほど、うんこドリル閲覧時における脳波の動きが大きかった。

うんこドリルで学習した場合「記憶の定着」に効果的であることが確認されたのじゃ！

> 明るくなっているところが、うんこドリルが優位に働いたところなのじゃ！

共同研究　　東京大学薬学部　池谷裕二教授

1998年に東京大学にて薬学博士号を取得。2002～2005年にコロンビア大学（米ニューヨーク）に留学をはさみ、2014年より現職。専門分野は神経生理学で、脳の健康について探究している。また、2018年よりERATO脳AI融合プロジェクトの代表を務め、AIチップの脳移植による新たな知能の開拓を目指している。
文部科学大臣表彰 若手科学者賞（2008年）、日本学術振興会賞（2013年）、日本学士院学術奨励賞（2013年）などを受賞。

著書：『海馬』『記憶力を強くする』『進化しすぎた脳』
論文：Science 304:559、2004、同誌 311:599、2011、同誌 335:353、2012

先生のコメントはウラへ ⮕

考察　池谷裕二教授より

教育において、ユーモアは児童・生徒を学習内容に注目させるために広く用いられます。先行研究によれば、ユーモアを含む教材では、ユーモアのない教材を用いたときよりも学習成績が高くなる傾向があることが示されていました。これらの結果は、ユーモアによって児童・生徒の注意力がより強く喚起されることで生じたものと考えられますが、ユーモアと注意力の関係を示す直接的な証拠は示されてきませんでした。そこで本研究では9〜10歳の子どもを対象に、電気生理学的アプローチを用いて、ユーモアが注意力に及ぼす影響を評価することとしました。

本研究では、ユーモアが脳波と記憶に及ぼす影響を統合的に検討しました。心理学の分野では、ユーモアが学習促進に役立つことが提唱されていますが、ユーモアが学習における集中力にどのような影響を与え、学習を促すのかについてはほとんど知られていません。しかし、記憶のエンコーディングにおいて遅いγ帯域の脳波が増加することが報告されていることと、今回我々が示した結果から、ユーモアは遅いγ波を増強することで学習促進に有用であることが示唆されます。
さらに、ユーモア刺激によるβ波強度の増加も観察されました。β波の活動は視覚的注意と関連していることが知られていること、集中力の程度は体の動きで評価できることから、本研究の結果からは、ユーモアがβ波強度の増加を介して集中度を高めている可能性が考えられます。

これらの結果は、ユーモアが学習に良い影響を与えるという
instructional humor processing theory を支持するものです。

※ J. Neuronet., 1028:1-13, 2020　http://neuronet.jp/jneuronet/007.pdf　　　東京大学薬学部　池谷裕二教授

詳しい情報は
こちらをチェック！

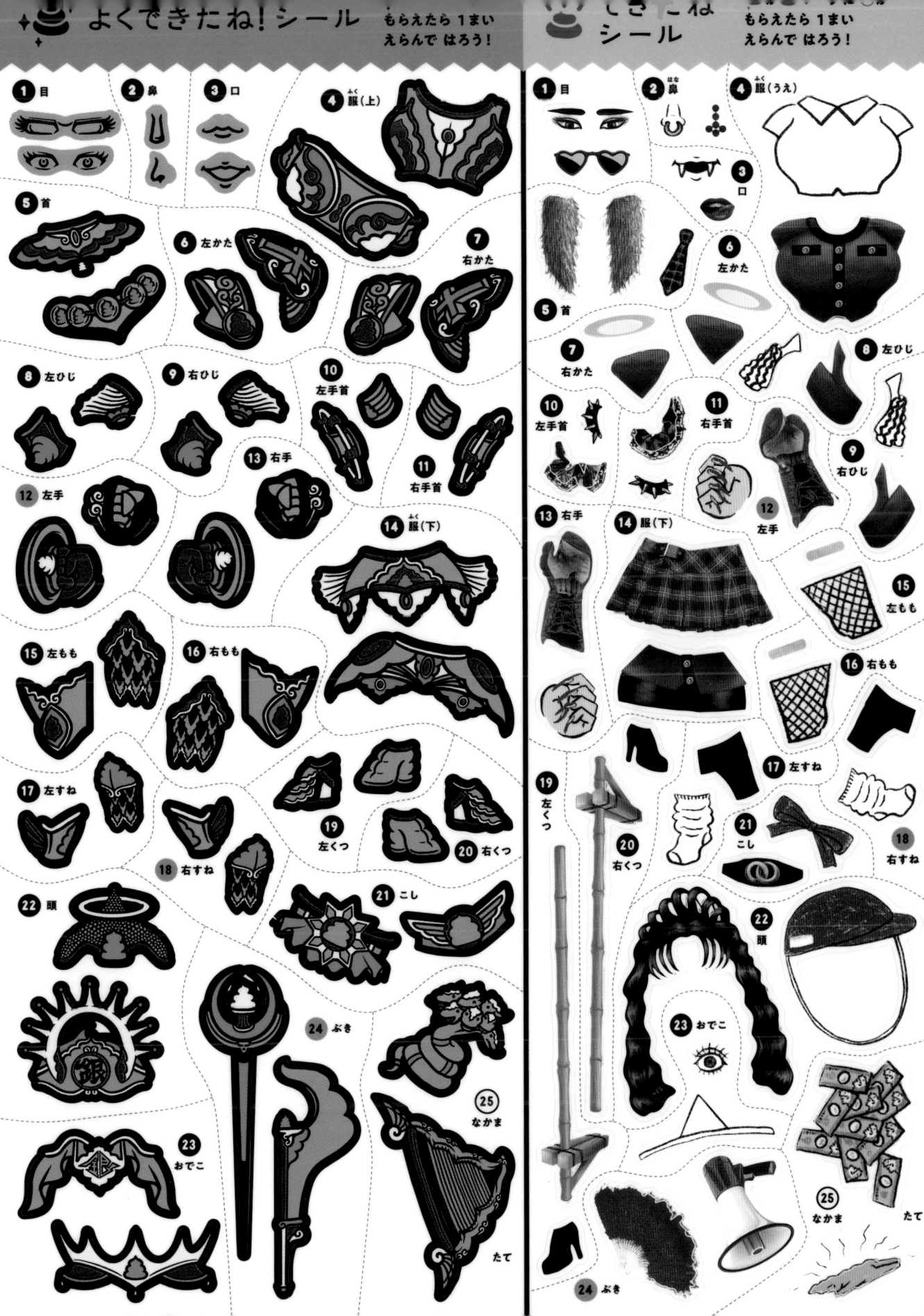

2年生で習った かけ算②

今日のせいせき
まちがいが
0～2こ
よくできたね！
3～5こ
できたね
6こ～
がんばれ

九九を思い出して，
かける数やかけられる数をもとめよう。

1 □にあてはまる数を書きましょう。

① $3 \times \boxed{4} = 12$　　　② $5 \times \boxed{} = 15$

③ $6 \times \boxed{} = 30$　　　④ $7 \times \boxed{} = 14$

⑤ $4 \times \boxed{} = 16$　　　⑥ $2 \times \boxed{} = 12$

⑦ $9 \times \boxed{} = 27$　　　⑧ $8 \times \boxed{} = 8$

⑨ $5 \times \boxed{} = 40$　　　⑩ $2 \times \boxed{} = 4$

⑪ $1 \times \boxed{} = 7$　　　⑫ $9 \times \boxed{} = 36$

⑬ $7 \times \boxed{} = 21$　　　⑭ $3 \times \boxed{} = 18$

⑮ $8 \times \boxed{} = 56$　　　⑯ $6 \times \boxed{} = 54$

⑰ $2 \times \boxed{} = 10$　　　⑱ $6 \times \boxed{} = 42$

2 □にあてはまる数を書きましょう。

① 4 ×3＝12　② □×7＝35　③ □×6＝36

④ □×5＝15　⑤ □×9＝36　⑥ □×1＝7

⑦ □×4＝20　⑧ □×8＝24　⑨ □×2＝16

⑩ □×6＝6　⑪ □×9＝18　⑫ □×5＝45

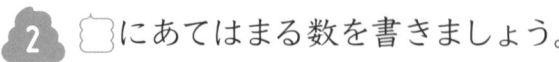

★ 第9位

ダンシング・ウンコ・ディスコ

ぶりぃ・ぶりぶり

女の子のカリスマ！

4

3 わり算①

今日のせいせき
まちがいが
0~2こ
よくできたね！
3~5こ
できたね
6こ～
がんばれ

∞ わり算の答えは，わる数のだんの九九を
使ってもとめることができるよ。

1 12÷3の答えのもとめ方を考えます。

12÷3 は， 3 のだんの九九を使って，

3×□＝12 の□にあてはまる数を考える。

➡12÷3＝ 4

2 わり算をしましょう。

① 8÷2

② 4÷2

③ 10÷2

④ 6÷2

⑤ 18÷2

⑥ 12÷2

⑦ 14÷2

⑧ 16÷2

⑨ 15÷3

⑩ 6÷3

⑪ 21÷3

⑫ 9÷3

⑬ 24÷3

⑭ 18÷3

⑮ 27÷3

⑯ 12÷3

3 わり算をしましょう。

① 16÷4　　　② 8÷4　　　③ 32÷4

④ 12÷4　　　⑤ 28÷4　　　⑥ 20÷4

⑦ 36÷4　　　⑧ 24÷4　　　⑨ 10÷5

⑩ 25÷5　　　⑪ 30÷5　　　⑫ 20÷5

⑬ 45÷5　　　⑭ 15÷5　　　⑮ 40÷5

⑯ 35÷5

わり算②

今日のせいせき
まちがいが
0~2こ
よくできたね!
3~5こ
できたね
6こ~
がんばれ

😑 2のだんから5のだんまでの九九を使って
答えをもとめるわり算の練習をしよう。

☁ **1** わり算をしましょう。

① 14÷2

② 16÷2

③ 27÷3

④ 15÷3

⑤ 24÷4

⑥ 16÷4

⑦ 32÷4

⑧ 25÷5

⑨ 45÷5

⑩ 30÷5

☁ **2** わり算の答えが **6, 7, 8, 9** になるところに色をぬりましょう。

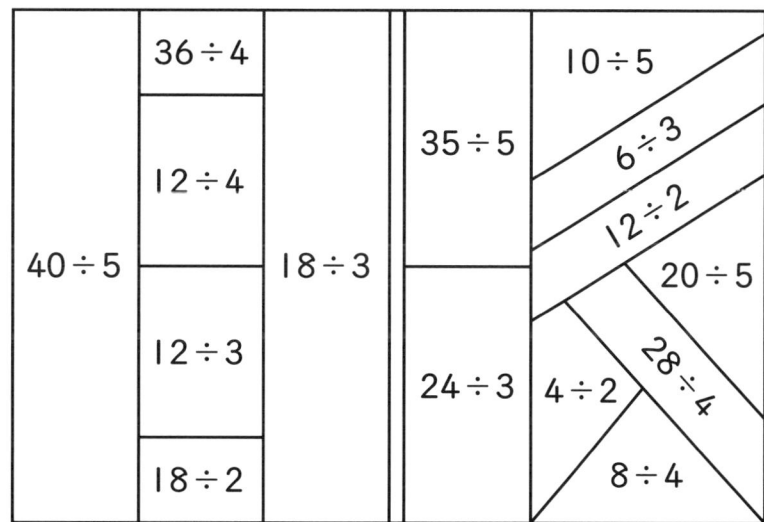

うんこ先生からの
ちょうせんじょう 1

~うんこをくれるおじさん~

ある2けたの数を言うと，たくさんのうんこをくれるおじさんがいます。

「42」と言うと，82こくれました。

「62」と言うと，123こくれました。

「63」と言うと，182こくれました。

では「93」と言うと，

何こもらえるでしょう。

おじさんはかけ算とわり算が
大すきらしいぞい。十の位と
一の位の数をかけたりわったり
して，きまりを見つけるのじゃ。

答え _____

わり算③

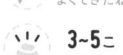

今日のせいせき
まちがいが

0~2こ
よくできたね！

3~5こ
できたね

6こ～
がんばれ

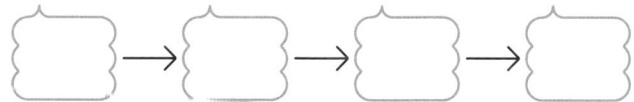

わる数のだんの九九を使って答えをもとめよう。

1 わり算の答えが大きいじゅんに，⬚に ⓐ～ⓔ を書きましょう。

ⓐ 9÷3　　　　ⓘ 20÷5

ⓤ 8÷4　　　　ⓔ 12÷2

⬚ → ⬚ → ⬚ → ⬚

2 わり算をして，答えが7か8になるように進みましょう。

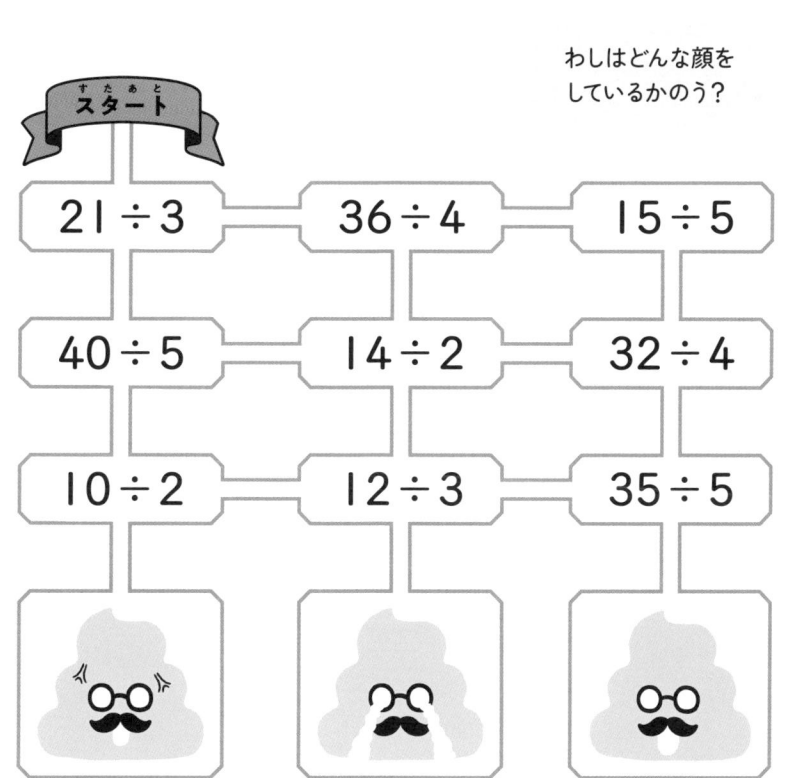

わしはどんな顔を
しているかのう？

スタート

| 21÷3 | 36÷4 | 15÷5 |

| 40÷5 | 14÷2 | 32÷4 |

| 10÷2 | 12÷3 | 35÷5 |

3 わり算をしましょう。

① 18 ÷ 3

② 8 ÷ 2

③ 10 ÷ 5

④ 20 ÷ 4

⑤ 16 ÷ 2

⑥ 27 ÷ 3

⑦ 24 ÷ 4

⑧ 16 ÷ 4

⑨ 21 ÷ 3

⑩ 18 ÷ 2

⑪ 45 ÷ 5

⑫ 24 ÷ 3

うんこ文章題に
チャレンジ！
1

天じょうからぶら下がっている15このうんこを，3こずつまとめてリボンでしばっておくように言われました。リボンは何本あれば，全部のうんこをしばることができますか。

式

答え _____

わり算④

今日のせいせき
まちがいが
0〜2こ
よくできたね！
3〜5こ
できたね
6こ〜
がんばれ

6のだんから9のだんまでの九九を使って
答えをもとめよう。

1 21÷7の答えのもとめ方を考えます。

21÷7 は, 7 のだんの九九を使って,

7×□=21 の□にあてはまる数を考える。

➡ 21÷7= 3

2 わり算をしましょう。

① 12÷6

② 30÷6

③ 42÷6

④ 18÷6

⑤ 36÷6

⑥ 54÷6

⑦ 24÷6

⑧ 48÷6

⑨ 35÷7

⑩ 14÷7

⑪ 49÷7

⑫ 63÷7

⑬ 28÷7

⑭ 56÷7

⑮ 42÷7

⑯ 21÷7

3 わり算をしましょう。

① 16÷8

② 56÷8

③ 32÷8

④ 72÷8

⑤ 40÷8

⑥ 24÷8

⑦ 64÷8

⑧ 48÷8

⑨ 27÷9

⑩ 45÷9

⑪ 63÷9

⑫ 18÷9

⑬ 72÷9

⑭ 36÷9

⑮ 54÷9

⑯ 81÷9

わり算⑤

今日のせいせき
まちがいが
😌 0~2こ
よくできたね！
😊 3~5こ
できたね
😓 6こ～
がんばれ

∞ 6のだんから9のだんの九九を使って
答えをもとめるわり算の練習をしよう。

1 次のわり算を，使う九九のだんを考えて答えをもとめましょう。

使う九九のだん　　　　　　　　答え

① $30 \div 6$　　〔6〕　⟶　$30 \div 6 = $〔5〕

② $45 \div 9$　　〔　〕　⟶　$45 \div 9 = $〔　〕

③ $40 \div 8$　　〔　〕　⟶　$40 \div 8 = $〔　〕

④ $56 \div 7$　　〔　〕　⟶　$56 \div 7 = $〔　〕

⑤ $27 \div 9$　　〔　〕　⟶　$27 \div 9 = $〔　〕

2 わり算をしましょう。

① $24 \div 6$　　　　　　② $36 \div 6$

③ $54 \div 6$　　　　　　④ $42 \div 7$

⑤ $28 \div 7$　　　　　　⑥ $63 \div 7$

⑦ $64 \div 8$　　　　　　⑧ $48 \div 8$

⑨ $54 \div 9$　　　　　　⑩ $72 \div 9$

ちょうせんじょう ②

~川を早くわたるには?~

のりおくんとみちこさんはなかよしカップル。
それぞれのうんこをつれて旅をしています。
すると目の前に川が……!

川をわたるには2人乗り
(または1人+うんこ1こ)用の
ボートしかありません。

- ・ボートをこげるのは,
  のりおくんとみちこさんだけ。

- ・うんこどうしはいっしょにのれない。

- ・のりおくんはみちこさんのうんこと
  いっしょにのれない。

- ・みちこさんはのりおくんのうんこと
  いっしょにのれない。

ぼくが
ボートをこぐと
片道5分さ。

すごい!
わたしなら8分
かかっちゃうわ。

▲のりお　▲みちこ

うんこどうしは
2人きりになるとケンカする!

あいし合っているけれど, おたがいのうんこはあいせない2人。
2人と2このうんこがなかよく川をわたりきるには,
いちばん短い時間で何分かかるでしょうか。

答え _____

わり算⑥

今日のせいせき
まちがいが
○ 0~2こ
よくできたね！
○ 3~5こ
できたね
○ 6こ~
がんばれ

😊 わる数のだんの九九を使って答えをもとめよう。

☁ 1 わり算をしましょう。わり算の答えを書いたあと,
使った九九を書きましょう。

① $16 \div 8 =$ 〔 2 〕 $\longrightarrow$ $8 \times$ 〔 2 〕 $= 16$

② $35 \div 7 =$ 〔　〕 $\longrightarrow$ $7 \times$ 〔　〕 $= 35$

③ $36 \div 9 =$ 〔　〕 $\longrightarrow$ $9 \times$ 〔　〕 $= 36$

④ $12 \div 6 =$ 〔　〕 $\longrightarrow$ $6 \times$ 〔　〕 $= 12$

☁ 2 わり算をしましょう。

① $36 \div 6$

② $32 \div 8$

③ $81 \div 9$

④ $14 \div 7$

⑤ $64 \div 8$

⑥ $54 \div 9$

⑦ $63 \div 7$

⑧ $48 \div 6$

⑨ $56 \div 8$

⑩ $49 \div 7$

3 わり算をしましょう。

① 18÷6

② 40÷8

③ 42÷7

④ 72÷9

⑤ 54÷6

⑥ 56÷7

⑦ 18÷9

⑧ 42÷6

⑨ 72÷8

⑩ 28÷7

⑪ 63÷9

⑫ 48÷8

うんこ文章題に
チャレンジ！
2

「うんこに色をぬりたい」という人が6人います。そこで，24色入りの絵の具を，みんなで同じ数ずつ分けることにしました。1人分の絵の具は何色ですか。

式

答え _____

9 わり算⑦

今日のせいせき
まちがいが
✦ 0~2こ
よくできたね!
😊 3~5こ
できたね
♨ 6こ~
がんばれ

何のだんの九九を使えばよいか考えて,
答えをもとめよう。

1 何のお祭りかな。わり算をして,暗号をときましょう。

暗号表(答えの数)

①~⑦の答え	1	2	3	4	5	6	7	8	9
暗号	で	し	い	ん	が	う	ろ	こ	ね

① 18÷3　　　② 36÷9　　　③ 32÷4

④ 48÷6　　　⑤ 35÷5　　　⑥ 40÷8

⑦ 18÷9

問題①~⑦の順番に暗号を入れよう。どんな言葉がかくれているかな。

①	②	③	④	⑤	⑥	⑦
う						

祭り

17

2 わり算をしましょう。

① 35 ÷ 7　　② 14 ÷ 2　　③ 24 ÷ 8

④ 40 ÷ 5　　⑤ 30 ÷ 6　　⑥ 24 ÷ 3

⑦ 36 ÷ 4　　⑧ 14 ÷ 7　　⑨ 72 ÷ 8

⑩ 42 ÷ 6　　⑪ 28 ÷ 7　　⑫ 54 ÷ 9

⑬ 81 ÷ 9　　⑭ 49 ÷ 7

10

わり算⑧

今日のせいせき
まちがいが

0~2こ
よくできたね!

3~5こ
できたね

6こ~
がんばれ

∞ まちがえたわり算は，わる数のだんの九九が
すらすら言えるかたしかめよう。

1 わり算の答えが大きいほうの ☐ に，◯を書きましょう。

① $45 \div 9$ ☐　　　$21 \div 3$ ☐

② $18 \div 2$ ☐　　　$32 \div 4$ ☐

③ $42 \div 6$ ☐　　　$45 \div 5$ ☐

2 わり算をしましょう。

① $12 \div 3$　　　　② $21 \div 7$

③ $63 \div 9$　　　　④ $64 \div 8$

⑤ $40 \div 5$　　　　⑥ $20 \div 4$

⑦ $24 \div 6$　　　　⑧ $32 \div 8$

⑨ $63 \div 7$　　　　⑩ $81 \div 9$

⑪ $28 \div 4$　　　　⑫ $48 \div 6$

うんこ先生からの
ちょうせんじょう 3

学校の校庭にジャンボうんこを発見！ 持って帰ろうとすると…

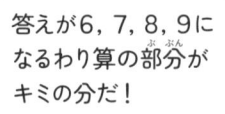

答えが6, 7, 8, 9になるわり算の部分がキミの分だ！

◀校長先生

と，校長先生に言われました。
キミがもらえるのはどこかな？
計算をして，答えが6, 7, 8, 9に
なるわり算の部分をぬりつぶそう。

ぬりつぶすと
何かがうかび
上がってくるぞい。

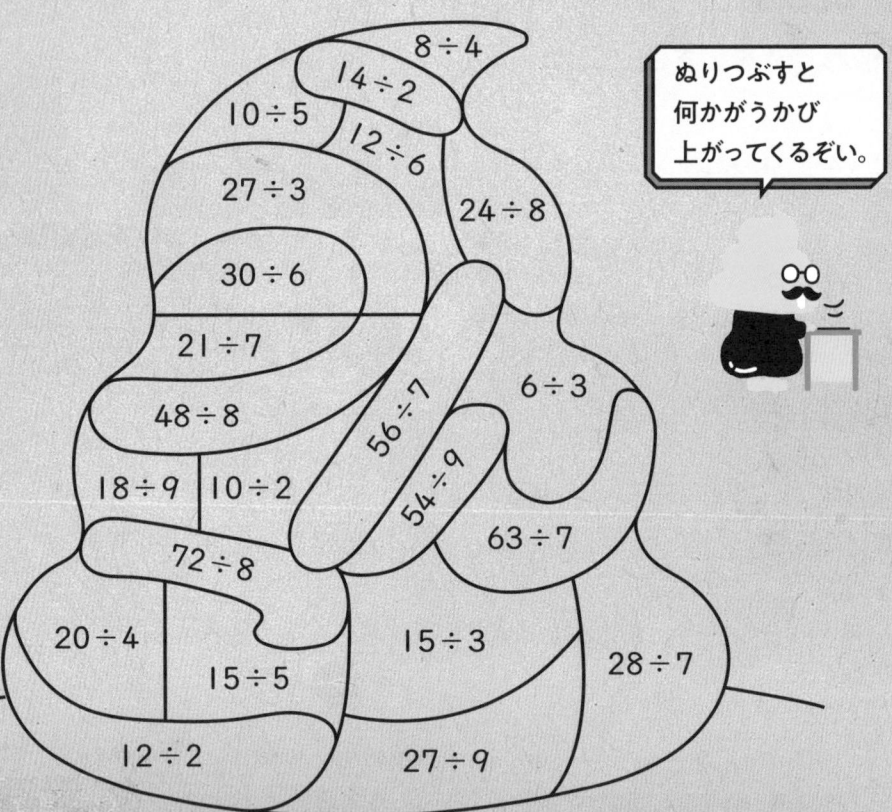

11 0や1のわり算

今日のせいせき
まちがいが

0~2こ
よくできたね！
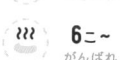
3~5こ
できたね
6こ~
がんばれ

∞ 答えが0や1になるわり算や，1でわる
わり算ができるようになろう。

　わり算をしましょう。

① 0÷3 = 0

0を，0ではないどんな数で
わっても，答えはいつも0！

② 0÷7

③ 8÷1

④ 5÷1

⑤ 9÷9

⑥ 3÷3

⑦ 0÷2

⑧ 0÷8

⑨ 9÷1

⑩ 0÷6

⑪ 5÷5

⑫ 4÷1

⑬ 0÷9

⑭ 7÷7

⑮ 0÷5

⑯ 8÷8

⑰ 0÷1

2 わり算をして，答えが同じになるものを線でむすびましょう。

$7 \div 1 = 7$ •

• $4 \div 4$

$6 \div 6$ •

• $6 \div 1$

$0 \div 4$ •

• $18 \div 2$

$24 \div 4$ •

• $0 \div 5$

$81 \div 9$ •

• $42 \div 6$

うんこ文章題に
チャレンジ！
3

宝箱の中の「ゴールデンうんこ」を3人の海賊が同じ数ずつ分けることになりましたが，宝箱を開けてみると「ゴールデンうんこ」は1こも入っていませんでした。海賊1人分の「ゴールデンうんこ」は何こですか。

式

答え＿＿＿＿＿＿＿＿

22

12 かくにんテスト 1

今日のせいせき
まちがいが
🍮 0~2こ
よくできたね！
😄 3~5こ
できたね
♨ 6こ～
がんばれ

点

☁ **1** わり算をしましょう。また，使う九九のだんも書きましょう。 〈りょうほうできて2点〉

① 20÷4 ＝ [　] ⟶ 使う九九のだん [　]

② 18÷6 ＝ [　] ⟶ 使う九九のだん [　]

③ 81÷9 ＝ [　] ⟶ 使う九九のだん [　]

☁ **2** わり算をしましょう。 〈1つ3点〉

① 21÷3　　　② 45÷5　　　③ 6÷2

④ 32÷8　　　⑤ 54÷9　　　⑥ 56÷7

⑦ 48÷6　　　⑧ 63÷9

☁ **3** わり算をしましょう。 〈1つ2点〉

① 0÷5　　　② 0÷7

③ 6÷1　　　④ 8÷8

23

4 わり算をしましょう。

① 12÷2　　② 25÷5　　③ 28÷4

④ 0÷8　　⑤ 7÷7　　⑥ 15÷3

⑦ 24÷8　　⑧ 0÷2　　⑨ 42÷7

⑩ 36÷9　　⑪ 3÷1　　⑫ 21÷7

⑬ 10÷5　　⑭ 4÷4　　⑮ 72÷9

⑯ 54÷6　　⑰ 56÷8　　⑱ 9÷1

 5 次(つぎ)の大ヒットうんこソング「ウンコニナッチャイソウ」を
歌っている人はだれですか。

〈26点〉

あ

ぶりぃ・ぶりぶり

い

ジ・ウンコーズ

う

サマー・ウンコ・
スターズ

24

あまりのある わり算①

今日のせいせき
まちがいが

0~2こ
よくできたね!

3~5こ
できたね

6こ~
がんばれ

わり算はあまりが出てわりきれないときもあるよ。
あまりはわる数より小さくなるようにしよう。

 15÷2のわり算のしかたを考えましょう。

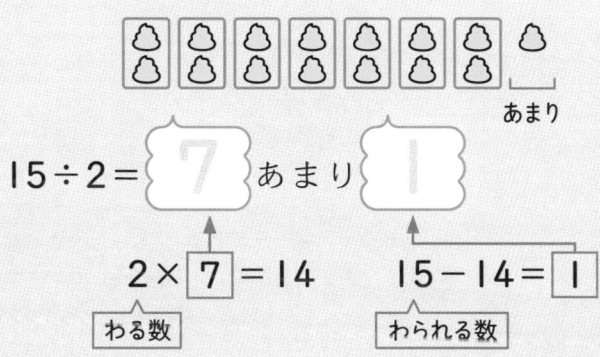

$$15 \div 2 = \boxed{7} \text{ あまり } \boxed{1}$$

$$2 \times \boxed{7} = 14 \qquad 15 - 14 = \boxed{1}$$

わる数　　　　わられる数

あまり

 2や3でわるわり算のあまりを，◯に書きましょう。

① 4÷2＝2

5÷2＝2あまり◯

6÷2＝3

7÷2＝3あまり◯

② 6÷3＝2

7÷3＝2あまり◯

8÷3＝2あまり◯

9÷3＝3

あまりは，わる数より
小さくなるようにするのじゃ。

25

3 2や3でわるわり算をしましょう。

① 10÷2 = 5

② 11÷2 = 5 あまり 1

③ 12÷2

④ 13÷2

⑤ 15÷3

⑥ 16÷3

⑦ 17÷3

⑧ 18÷3

わり算で，あまりがあるときは「わりきれない」，
あまりがないときは「わりきれる」というぞい。

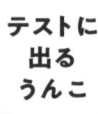

あまりのある
わり算②

今日のせいせき
まちがいが

☕ **0~2こ**
よくできたね！

😃 **3~5こ**
できたね

♨ **6こ~**
がんばれ

😶 あまりはわる数より小さくなるよ。
あまりを正しくもとめよう。

🗻 1 　4でわるわり算で，わる数とあまりの大きさをくらべましょう。

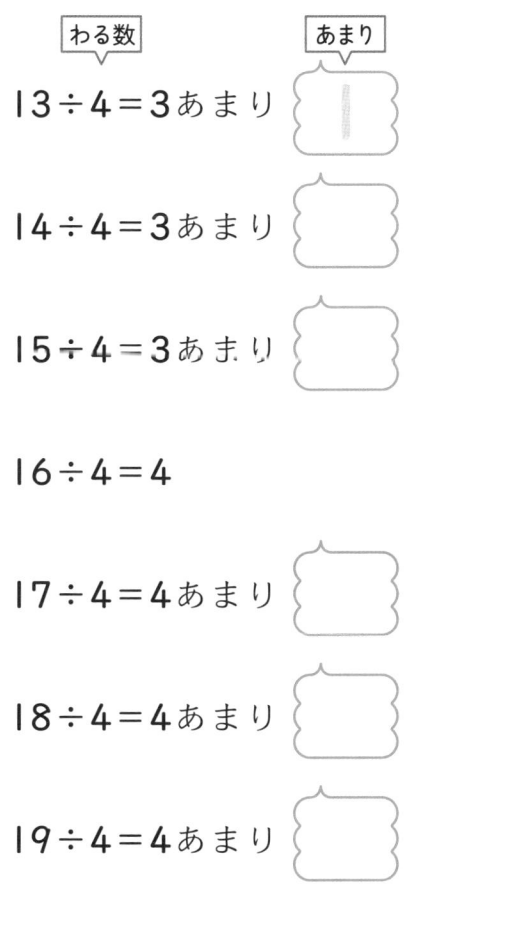

わる数 　　 あまり

$13 \div 4 = 3$ あまり ［ 1 ］

$14 \div 4 = 3$ あまり ［　］

$15 \div 4 = 3$ あまり ［　］

$16 \div 4 = 4$

$17 \div 4 = 4$ あまり ［　］

$18 \div 4 = 4$ あまり ［　］

$19 \div 4 = 4$ あまり ［　］

$20 \div 4 = 5$

4のかたまりが
できるときは
「わりきれる」，
それ以外は
「わりきれない」から
あまりが出るのじゃ。

あまりはいつも，わる数の4より

▼あてはまるほうを○でかこもう。

（　小さい　・　大きい　）。

5でわるわり算をしましょう。

① 10÷5 = 2

② 11÷5 = 2 あまり 1

③ 12÷5

④ 13÷5

⑤ 14÷5

⑥ 15÷5

⑦ 16÷5

⑧ 17÷5

あまりはわる数より
小さくなっているかのう？

あまりのある わり算③

今日のせいせき
まちがいが
0~2こ
よくできたね!
3~5こ
できたね
6こ~
がんばれ

何のだんの九九を使うか考えて，
あまりを正しくもとめよう。

1 わり算をしましょう。

① $10 \div 3$

② $41 \div 5$

③ $6 \div 4$

④ $29 \div 3$

⑤ $17 \div 2$

⑥ $39 \div 4$

⑦ $27 \div 5$

⑧ $19 \div 2$

⑨ $34 \div 4$

⑩ $24 \div 5$

⑪ $22 \div 3$

⑫ $38 \div 5$

2 わり算をしましょう。あまりが同じになるもの
どうしを，線でむすびましょう。

$43 \div 5$ •　　　　　　• $19 \div 3$

$29 \div 4$ •　　　　　　• $30 \div 4$

$26 \div 3$ •　　　　　　• $33 \div 5$

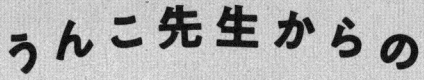

ちょうせんじょう 4

~年れい当てクイズ~

きみの年れいをズバリ当ててみせるぞい。
5つの計算をしてくれい。

① まず，きみの年れいを
3でわったあまりの数に
70をかけてくれい。

[　] ×70 = [　　　　]

▲年れいを3でわったあまり

② 同じように，きみの年れいを
5でわったあまりの数に
21をかけてくれい。

[　] ×21 = [　　　　]

▲年れいを5でわったあまり

③ 今度はきみの年れいを
7でわったあまりの数に
15をかけてくれい。

 ×15 = [　　　　]

▲年れいを7でわったあまり

④ ①~③の答えの数をすべてたすと……？

[　　　　]

⑤ その数から，答えが105より
小さい数になるまで何回か
105をひくと……

きみの年れい [　　　　] 才

16 あまりのある わり算④

16 あまりのある わり算④

3 わり算をしましょう。

① 34 ÷ 4

② 58 ÷ 6

③ 22 ÷ 5

④ 47 ÷ 7

⑤ 29 ÷ 8

⑥ 50 ÷ 6

⑦ 63 ÷ 8

⑧ 85 ÷ 9

あまりはいつでも
わる数より小さくなるぞい。

テストに
出る
うんこ

知らない歌は、おうちのひとにきいてみよう！

大ヒット

うんこソング

ベストテン

★ 番外編
ばんがいへん

きみとうんことバーボンと
グッソー牧
まき

なつかしの名曲！
めいきょく

お父さん
お母さん世代には
せだい

17

あまりのある わり算⑤

今日のせいせき
まちがいが
0~2こ
よくできたね！
3~5こ
できたね
6こ～
がんばれ

∞ わる数のだんの九九を使って，
すらすらわり算ができるようになろう。

1 あまりが3になるわり算に色をぬりましょう。

31 ÷ 4			39 ÷ 9
19 ÷ 2	29 ÷ 7	70 ÷ 9	
	39 ÷ 6		
26 ÷ 3	14 ÷ 5		59 ÷ 7
	47 ÷ 7		
67 ÷ 8		48 ÷ 5	

2 わり算をしましょう。

① 38 ÷ 5

② 64 ÷ 7

③ 59 ÷ 9

④ 11 ÷ 6

⑤ 78 ÷ 8

⑥ 50 ÷ 9

全部わりきれないぞい。
あまりに注意じゃ。

33

3 わり算をしましょう。

① 38÷8

② 19÷7

③ 43÷6

④ 27÷4

⑤ 28÷9

⑥ 29÷5

⑦ 69÷8

⑧ 28÷3

⑨ 29÷6

⑩ 17÷2

⑪ 30÷7

⑫ 42÷5

⑬ 76÷9

⑭ 60÷8

⑮ 53÷7

⑯ 71÷9

うんこ文章題に
チャレンジ！
4

1このうんこをかべにとめるのに，くぎを6本使います。くぎは35本あります。かべにとめることができるうんこは何こで，くぎは何本あまりますか。

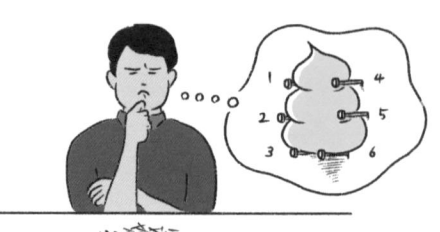

式

答え _____

18 かくにんテスト 2

今日のせいせき
まちがいが

0~2こ
よくできたね!

3~5こ
できたね

6こ~
がんばれ

点

1 26÷6の答えを, わる数の6のだんの九九と, ひき算を使ってもとめましょう。

〈全部できて9点〉

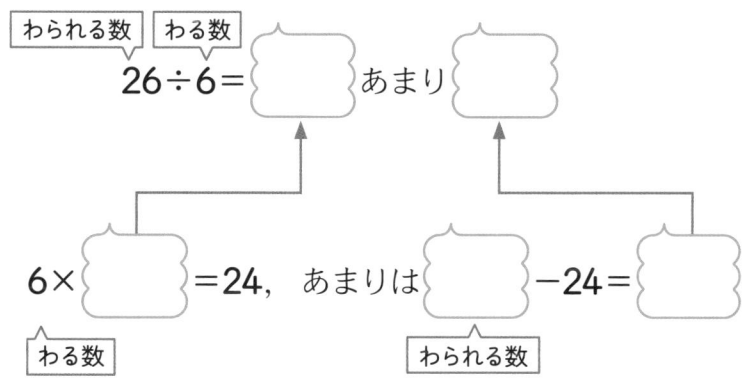

わられる数 わる数

26÷6 = {   } あまり {   }

6×{   }=24, あまりは {   }−24={   }

わる数   わられる数

2 62÷7の答えを, わる数の7のだんの九九と, ひき算を使ってもとめましょう。

〈全部できて9点〉

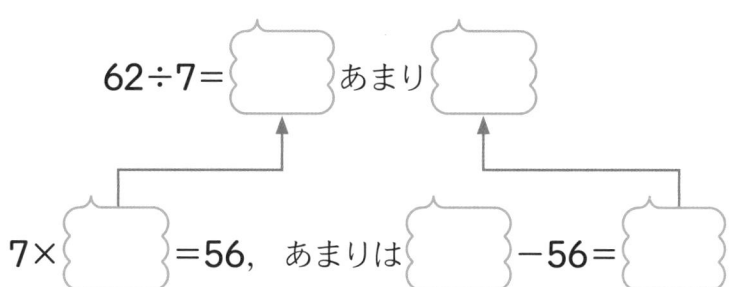

62÷7 = {   } あまり {   }

7×{   }=56, あまりは {   }−56={   }

3 わり算をしましょう。

〈1つ3点〉

① 25÷3

② 38÷7

③ 31÷4

④ 60÷9

⑤ 17÷2

⑥ 47÷6

⑦ 55÷8

⑧ 34÷5

4 わり算をしましょう。

① 11÷2 　　　　　　② 39÷9

③ 42÷5 　　　　　　④ 59÷8

⑤ 14÷3 　　　　　　⑥ 68÷7

⑦ 55÷6 　　　　　　⑧ 23÷4

⑨ 51÷7 　　　　　　⑩ 70÷8

⑪ 31÷6 　　　　　　⑫ 65÷7

⑬ 57÷9 　　　　　　⑭ 62÷8

⑮ 38÷4 　　　　　　⑯ 46÷5

5 大ヒットうんこソング第4位にかがやいた
ブリッとうんこガール48合唱団は全部で何人ですか。　　〈26点〉

あ 3人

い 7人

う 48人

19

あまりのある
わり算⑥

∞ あまりのあるわり算の答えのたしかめが
できるようになろう。

1 あまりのあるわり算は，下の計算で答えをたしかめることができます。

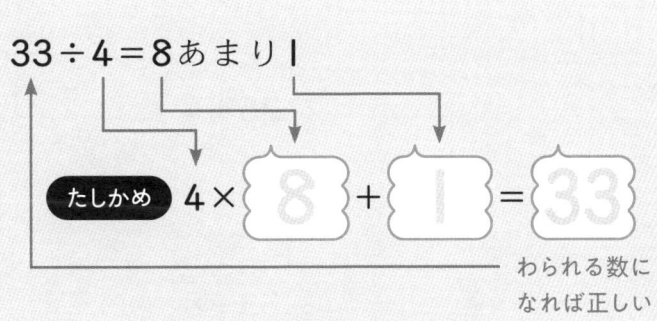

$$33 \div 4 = 8 \text{あまり} 1$$

たしかめ　$4 \times \boxed{8} + \boxed{1} = \boxed{33}$

わられる数に
なれば正しい！

2 次のわり算の答えをたしかめましょう。

わられる数に
なったら
○でかこもう。

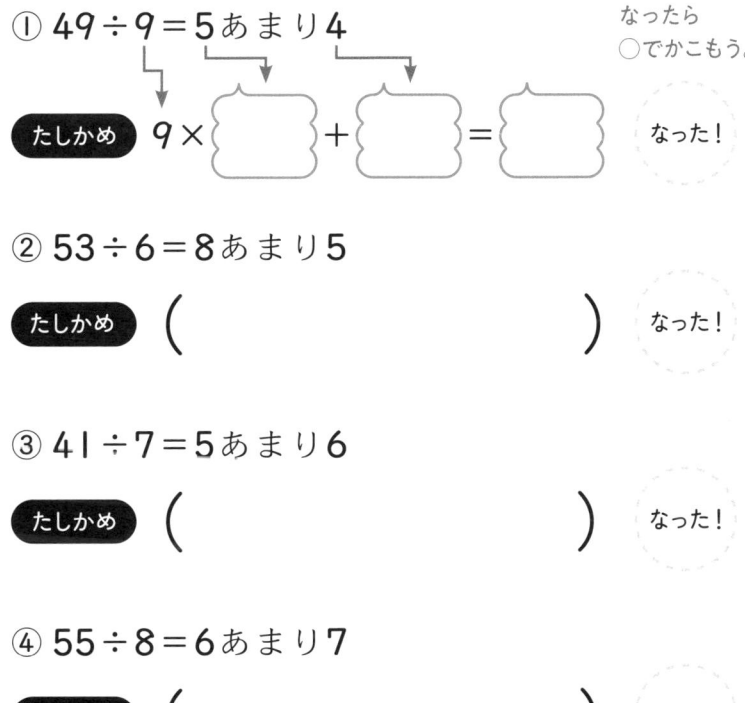

① $49 \div 9 = 5 \text{あまり} 4$

たしかめ　$9 \times \boxed{} + \boxed{} = \boxed{}$　なった！

② $53 \div 6 = 8 \text{あまり} 5$

たしかめ　$($　　　　　　　　$)$　なった！

③ $41 \div 7 = 5 \text{あまり} 6$

たしかめ　$($　　　　　　　　$)$　なった！

④ $55 \div 8 = 6 \text{あまり} 7$

たしかめ　$($　　　　　　　　$)$　なった！

❸ わり算をしましょう。わりきれるわり算の◯に，◯を書きましょう。

① 28÷3＝9あまり1 　　② 37÷5

③ 16÷2 　　④ 40÷6

⑤ 54÷7 　　⑥ 26÷4

⑦ 63÷9 　　⑧ 53÷8

20 あまりのある わり算⑦

😊 わり算の答えをたしかめる練習をしよう。

1 わり算をして，答えをたしかめましょう。

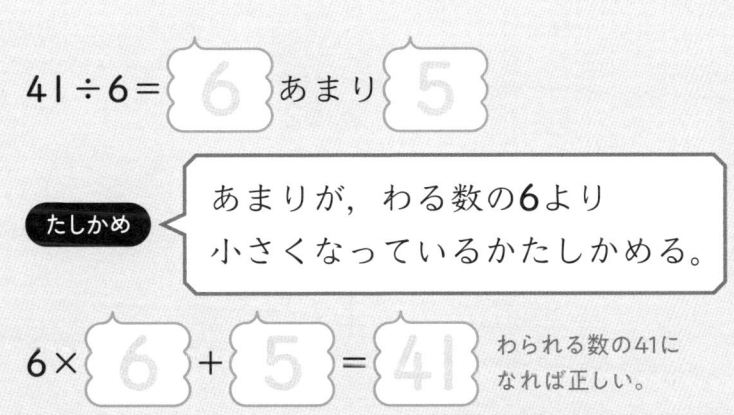

$41 ÷ 6 =$ 「6」 あまり 「5」

たしかめ　あまりが，わる数の**6**より 小さくなっているかたしかめる。

$6 ×$ 「6」 $+$ 「5」 $=$ 「41」　わられる数の41に なれば正しい。

2 次のわり算が正しいときは○を， まちがっているときは正しい答えを書きましょう。

① 52÷9＝5あまり7
(　　　　　　　　　　)

② 25÷4＝5あまり5
(　　　　　　　　　　)

③ 36÷7＝5あまり6
(　　　　　　　　　　)

④ 31÷8＝4あまり1
(　　　　　　　　　　)

 **3** わり算をしましょう。わりきれるわり算の ◌ に, ◯を書きましょう。

① 39÷5　　　　　　◌　　② 27÷3　　　　　　◌

③ 53÷8　　　　　　◌　　④ 48÷6　　　　　　◌

⑤ 32÷9　　　　　　◌　　⑥ 52÷8　　　　　　◌

⑦ 35÷4　　　　　　◌　　⑧ 62÷7　　　　　　◌

U・N・KO

★ 第2位

five unko kids

大ヒット曲！

国民的アイドルグループの

21

あまりのある
わり算⑧

∞ あまりがわる数より小さくなることを
使って考えてみよう。

1️⃣ 次の(あ)〜(お)の計算で, あまりが6になるわり算が1つだけあります。
計算をしないで見つけて, 記号で答えましょう。

(あ) 17÷3   (い) 25÷4   (う) 34÷7

(え) 32÷6   (お) 36÷5

あまりが
6になるのは

あまりはわる数より
どうなるんじゃったかな?

2️⃣ 次のわり算が正しいときは○を,
まちがっているときは正しい答えを書きましょう。

① 20÷7=3あまり1

(   )

答えが
正しいかを
たしかめる式を
思い出そう。

② 46÷5=8あまり6

(   )

③ 62÷8=7あまり6

(   )

3 次のわり算はまちがっています。まちがっている
理由を線でむすびましょう。

| 36÷5＝6あまり6 | 48÷7＝7あまり1 |

・ ・

・ ・

たしかめをしてもわら　　　　　　あまりがわる数より
れる数にならない。　　　　　　　大きくなっている。

まちがっている理由をむすべたら,
正しい答えを出してみるのじゃ。

うんこ文章題に
チャレンジ！
5

天才画家のピクソが自分のうんこを何まいもスケッチして
います。うんこの絵を1まいかくのに9分かかります。46分
でうんこの絵は何まいかんせいしますか。

式

答え ＿＿＿＿＿＿＿＿

22 大きい数のわり算①

答えが10をこえるわり算は
10のまとまりで考えて計算しよう。

1 60÷2の計算のしかたを考えます。

10のまとまりで考える。

60は、10が 6 こだから、60÷2は、10が $6÷2$ こ。

6÷2は3なので、10が3こで 30 。

だから、60÷2＝ 30

2 わり算をしましょう。

① 40÷2 　　　　　　② 30÷3

③ 90÷9 　　　　　　④ 80÷4

⑤ 60÷3 　　　　　　⑥ 70÷7

⑦ 80÷2 　　　　　　⑧ 50÷5

⑨ 40÷4 　　　　　　⑩ 90÷3

3 39÷3の計算のしかたを考えます。

何十といくつに分けて考える。

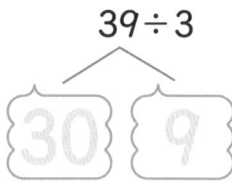 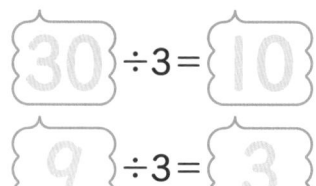

$30 \div 3 = 10$

$9 \div 3 = 3$

あわせて 13　だから，39÷3＝ 13

 4 わり算をしましょう。

① 42÷2　　　② 36÷3　　　③ 84÷4

④ 64÷2　　　⑤ 96÷3　　　⑥ 77÷7

23 大きい数のわり算②

今日のせいせき
まちがいが
0~2こ
よくできたね！
3~5こ
できたね
6こ～
がんばれ

∞ 大きい数のわり算は，10のまとまりや
何十といくつに分けて計算しよう。

1 わり算をして，答えが同じになるものを線でむすびましょう。

$80 \div 8 = 10$ ● ● $60 \div 2$

$40 \div 2$ ● ● $30 \div 3$

$90 \div 3$ ● ● $80 \div 4$

2 わり算をしましょう。

① $28 \div 2$　　　　② $66 \div 3$

③ $68 \div 2$　　　　④ $84 \div 2$

⑤ $55 \div 5$　　　　⑥ $69 \div 3$

⑦ $82 \div 2$　　　　⑧ $99 \div 9$

⑨ $42 \div 2$　　　　⑩ $96 \div 3$

3 わり算をしましょう。

① 80÷2

② 26÷2

③ 40÷4

④ 33÷3

⑤ 62÷2

⑥ 60÷3

⑦ 20÷2

⑧ 44÷4

⑨ 86÷2

⑩ 60÷6

⑪ 46÷2

⑫ 93÷3

うんこ文章題に
チャレンジ！
6

けんすけくんが乗ったバスは，終点の前まで63のバスていにとまります。バスていを3つ進むごとに，うんこを持ったおじさんが1人乗ってきます。終点までに何人のおじさんが乗ってきましたか。

式

答え _____

24 かくにんテスト 3

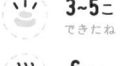

〔　　〕点

 次の あ ～ お の計算で，あまりが7になる計算が1つだけあります。
記号で答えましょう。

〈3点〉

あ 52÷7   い 26÷4   う 31÷8

え 47÷5   お 53÷6

あまりが
7になるのは

2 次のわり算が正しいときは○を，まちがっているときは正しい答えを
書きましょう。

〈1つ2点〉

① 71÷9＝8あまり1 （　　　　　　　）

② 34÷7＝4あまり6 （　　　　　　　）

③ 19÷3＝5あまり4 （　　　　　　　）

3 わり算をしましょう。

〈1つ2点〉

① 80÷4   ② 60÷2   ③ 70÷7

④ 90÷3   ⑤ 28÷2   ⑥ 48÷4

⑦ 96÷3   ⑧ 55÷5

今日のせいせき
まちがいが

0～2こ
よくできたね！

3～5こ
できたね

6こ～
がんばれ

47

4 わり算をしましょう。

〈1つ3点〉

① 33÷5

② 46÷7

③ 29÷6

④ 18÷4

⑤ 58÷8

⑥ 70÷9

⑦ 31÷7

⑧ 63÷8

⑨ 50÷6

⑩ 44÷9

⑪ 13÷3

⑫ 36÷8

⑬ 20÷6

⑭ 79÷8

⑮ 53÷7

⑯ 43÷8

⑰ 15÷2

⑱ 38÷4

5 大ヒットうんこソングの第1位は「世界中のだれよりもうんこがしたい」でした。この歌の中に「うんこ」という言葉は何回出てきますか。

〈21点〉

Buri-ya

あ 1回

い 39回

う 99回

まとめテスト
3年生のわり算

点

1 わり算をしましょう。　　　　　　　　　　〈1つ2点〉

① 15÷3　　　　　　　② 24÷6

③ 18÷2　　　　　　　④ 0÷4

⑤ 42÷7　　　　　　　⑥ 36÷9

⑦ 72÷8　　　　　　　⑧ 7÷1

⑨ 56÷7　　　　　　　⑩ 30÷5

⑪ 27÷9　　　　　　　⑫ 48÷6

⑬ 5÷5　　　　　　　⑭ 28÷4

⑮ 32÷8　　　　　　　⑯ 24÷3

⑰ 54÷6　　　　　　　⑱ 21÷7

⑲ 63÷9　　　　　　　⑳ 48÷8

2 わり算をしましょう。

〈1つ2点〉

① 27÷6

② 38÷4

③ 28÷2

④ 21÷5

⑤ 46÷8

⑥ 17÷3

⑦ 55÷7

⑧ 62÷9

⑨ 33÷7

⑩ 71÷8

⑪ 77÷7

⑫ 89÷9

3 次の歌を歌った人はだれですか。それぞれ線でむすびましょう。

〈全部できて36点〉

「世界中の
だれよりも
うんこがしたい」 ●

●
Buri-ya

「うんこうんこ」 ●

●
エクソダス

「ウェルカム・トゥ・
うんこナイト」 ●

●
ザ・グリーンウンコ

50

答え

1ページ

1 2年生で習った かけ算①

かけ算九九は全部おぼえているかな。
すらすら言えるかたしかめてみよう。

今日のせいせき
まちがいが
0-2こ
3-5こ
6こ～

1 かけ算をしましょう。

① 5×2＝10 　　② 6×3＝18
③ 7×5＝35 　　④ 9×2＝18
⑤ 1×8＝8 　　⑥ 4×6＝24
⑦ 3×9＝27 　　⑧ 8×8＝64
⑨ 2×4＝8 　　⑩ 5×9＝45
⑪ 6×7＝42 　　⑫ 9×7＝63
⑬ 8×4＝32 　　⑭ 2×8＝16
⑮ 7×7＝49 　　⑯ 6×1＝6
⑰ 8×5＝40 　　⑱ 7×4＝28
⑲ 3×7＝21 　　⑳ 4×8＝32
㉑ 9×8＝72 　　㉒ 8×6＝48

2ページ

2 かけ算をしましょう。

① 3×3＝9 　② 2×7＝14 　③ 9×1＝9
④ 5×6＝30 　⑤ 7×8＝56 　⑥ 9×6＝54
⑦ 8×3＝24 　⑧ 6×2＝12 　⑨ 7×9＝63
⑩ 1×5＝5 　⑪ 6×4＝24 　⑫ 7×6＝42
⑬ 8×9＝72 　⑭ 9×9＝81 　⑮ 4×7＝28
⑯ 6×8＝48

テストに出るうんこ
大ヒット うんこソング ベストテン
★第10位　風の中のうんこ ～windy love～
ウンコ・アンド・マシンガン
とにかくカッコいい うんこバンドの代表的うんこ曲！
知らない姿は、おうちのひとにきいてみよう！

3ページ

2 2年生で習った かけ算②

九九を思い出して、
かける数やかけられる数をもとめよう。

今日のせいせき
まちがいが
0-2こ
3-5こ
6こ～

1 □にあてはまる数を書きましょう。

① 3×[4]＝12 　　② 5×[3]＝15
③ 6×[5]＝30 　　④ 7×[2]＝14
⑤ 4×[4]＝16 　　⑥ 2×[6]＝12
⑦ 9×[3]＝27 　　⑧ 8×[1]＝8
⑨ 5×[8]＝40 　　⑩ 2×[2]＝4
⑪ 1×[7]＝7 　　⑫ 9×[4]＝36
⑬ 7×[3]＝21 　　⑭ 3×[6]＝18
⑮ 8×[7]＝56 　　⑯ 6×[9]＝54
⑰ 2×[5]＝10 　　⑱ 6×[7]＝42

4ページ

2 □にあてはまる数を書きましょう。

① [4]×3＝12 　② [5]×7＝35 　③ [6]×6＝36
④ [3]×5＝15 　⑤ [4]×9＝36 　⑥ [7]×1＝7
⑦ [5]×4＝20 　⑧ [3]×8＝24 　⑨ [8]×2＝16
⑩ [1]×6＝6 　⑪ [2]×9＝18 　⑫ [9]×5＝45

テストに出るうんこ
大ヒット うんこソング ベストテン
★第9位　ダンシング・ウンコ・ディスコ
ぷりぃ・ぷりぷり
女の子のカリスマ！
知らない姿は、おうちのひとにきいてみよう！

答え

3 わり算①

わり算の答えは、わる数のだんの九九を
使ってもとめることができるよ。

今日のせいせき
まちがいが
□ 0〜2こ よくできました
□ 3〜5こ うかいです
□ 6こ〜 がんばれ

① 12÷3の答えのもとめ方を考えます。

12÷3 は、3 のだんの九九を使って、
3×□=12 の□にあてはまる数を考える。
➡12÷3＝4

② わり算をしましょう。

① 8÷2＝4
② 4÷2＝2
③ 10÷2＝5
④ 6÷2＝3
⑤ 18÷2＝9
⑥ 12÷2＝6
⑦ 14÷2＝7
⑧ 16÷2＝8
⑨ 15÷3＝5
⑩ 6÷3＝2
⑪ 21÷3＝7
⑫ 9÷3＝3
⑬ 24÷3＝8
⑭ 18÷3＝6
⑮ 27÷3＝9
⑯ 12÷3＝4

4 わり算②

2のだんから5のだんまでの九九を使って
答えをもとめるわり算の練習をしよう。

今日のせいせき
まちがいが
□ 0〜2こ よくできました
□ 3〜5こ うかいです
□ 6こ〜 がんばれ

① わり算をしましょう。

① 14÷2＝7
② 16÷2＝8
③ 27÷3＝9
④ 15÷3＝5
⑤ 24÷4＝6
⑥ 16÷4＝4
⑦ 32÷4＝8
⑧ 25÷5＝5
⑨ 45÷5＝9
⑩ 30÷5＝6

② わり算の答えが6, 7, 8, 9になるところに色をぬりましょう。

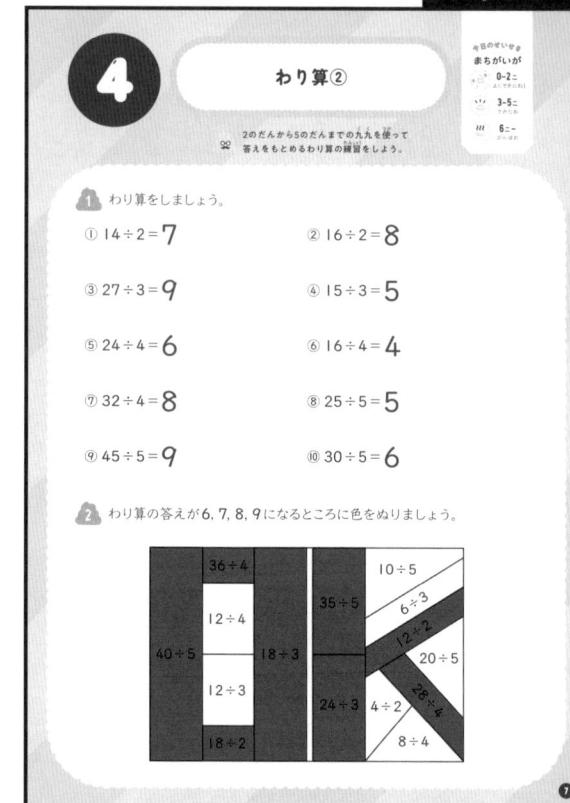

③ わり算をしましょう。

① 16÷4＝4
② 8÷4＝2
③ 32÷4＝8
④ 12÷4＝3
⑤ 28÷4＝7
⑥ 20÷4＝5
⑦ 36÷4＝9
⑧ 24÷4＝6
⑨ 10÷5＝2
⑩ 25÷5＝5
⑪ 30÷5＝6
⑫ 20÷5＝4
⑬ 45÷5＝9
⑭ 15÷5＝3
⑮ 40÷5＝8
⑯ 35÷5＝7

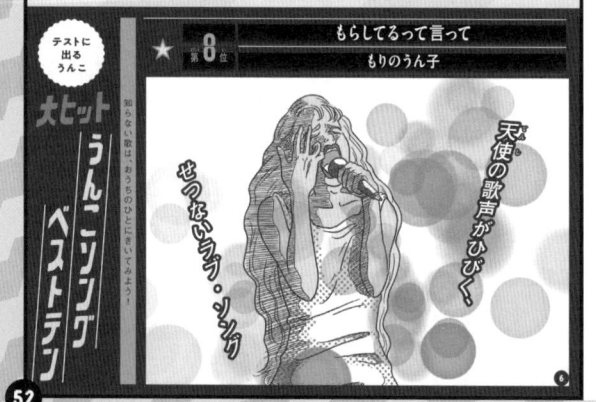

テストに出るうんこ
大ヒット
うんこソング
ベストテン

★ 第8位 もらしてるって言って
もりのうん子

天使の歌声がひびく！
せつないラブ・ソング

うんこ先生からの
ちょうせんじょう 1

〜うんこをくれるおじさん〜

ある2けたの数を言うと、たくさんのうんこをくれるおじさんがいます。

「42」と言うと、82こくれました。

「62」と言うと、123こくれました。

「63」と言うと、182こくれました。

では「93」と言うと、

何こもらえるでしょう。

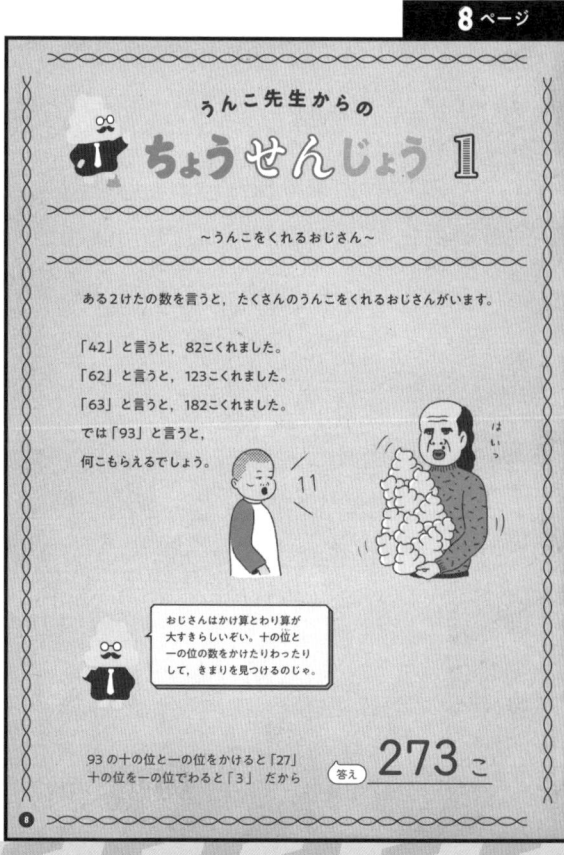

おじさんはかけ算とわり算が
大きらいなぞい。十の位と
一の位の数をかけたりわったり
して、きまりを見つけるのじゃ。

93の十の位と一の位をかけると「27」
十の位を一の位でわると「3」だから

答え 273 こ

5 わり算③

わる数のだんの九九を使って答えをもとめよう。

1 わり算の答えが大きいじゅんに、□に⑧〜⑧を書きましょう。

⑧ 9÷3 (=3)　⑪ 20÷5 (=4)

⑤ 8÷4 (=2)　⑧ 12÷2 (=6)

⑧ → ⑪ → ⑧ → ⑤

2 わり算をして、答えが7か8になるように進みましょう。

わしはどんな顔を
しているかのう?

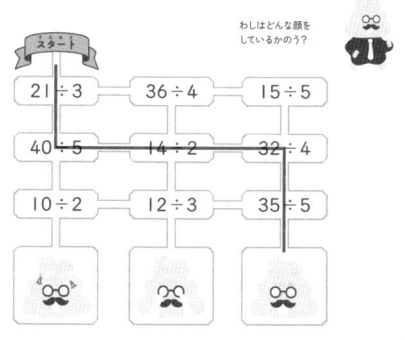

6 わり算④

6のだんから9のだんまでの九九を使って
答えをもとめよう。

1 21÷7の答えのもとめ方を考えます。

21÷7 は、 **7** のだんの九九を使って、

7×□=21 の□にあてはまる数を考える。

➡ 21÷7= **3**

2 わり算をしましょう。

① 12÷6 = 2　② 30÷6 = 5

③ 42÷6 = 7　④ 18÷6 = 3

⑤ 36÷6 = 6　⑥ 54÷6 = 9

⑦ 24÷6 = 4　⑧ 48÷6 = 8

⑨ 35÷7 = 5　⑩ 14÷7 = 2

⑪ 49÷7 = 7　⑫ 63÷7 = 9

⑬ 28÷7 = 4　⑭ 56÷7 = 8

⑮ 42÷7 = 6　⑯ 21÷7 = 3

3 わり算をしましょう。

① 18÷3 = 6　② 8÷2 = 4

③ 10÷5 = 2　④ 20÷4 = 5

⑤ 16÷2 = 8　⑥ 27÷3 = 9

⑦ 24÷4 = 6　⑧ 16÷4 = 4

⑨ 21÷3 = 7　⑩ 18÷2 = 9

⑪ 45÷5 = 9　⑫ 24÷3 = 8

うんこ文章題に
チャレンジ!
1

天じょうからぶら下がっている15このうんこを、3こずつ
まとめてリボンでしばっておくように言われました。リボン
は何本あれば、全部のうんこをしばることができますか。

式 15÷3 = 5

答え 5 本

3 わり算をしましょう。

① 16÷8 = 2　② 56÷8 = 7　③ 32÷8 = 4

④ 72÷8 = 9　⑤ 40÷8 = 5　⑥ 24÷8 = 3

⑦ 64÷8 = 8　⑧ 48÷8 = 6　⑨ 27÷9 = 3

⑩ 45÷9 = 5　⑪ 63÷9 = 7　⑫ 18÷9 = 2

⑬ 72÷9 = 8　⑭ 36÷9 = 4　⑮ 54÷9 = 6

⑯ 81÷9 = 9

テストに
出る
うんこ

★ **7**位

ウンコニナッチャイソウ

ジ・ウンコーズ

大ヒット

うんこソング
ベストテン

みんなで歌って
もりあがれ!

知らない歌は、おうちのひとにきいてみよう。

カラオケの定番!

7 わり算⑤

今日のせいせき
まちがいが
0〜2こ … よくできたね！
3〜5こ … すきこしね
6こ〜 … がんばれ

6のだんから9のだんの九九を使って
答えをもとめるわり算の練習をしよう。

1 次のわり算を，使う九九のだんを考えて答えをもとめましょう。

使う九九のだん　　　　　　答え

① 30÷6　**6** ⟶ 30÷6＝**5**

② 45÷9　**9** ⟶ 45÷9＝**5**

③ 40÷8　**8** ⟶ 40÷8＝**5**

④ 56÷7　**7** ⟶ 56÷7＝**8**

⑤ 27÷9　**9** ⟶ 27÷9＝**3**

2 わり算をしましょう。

① 24÷6＝**4**　　　② 36÷6＝**6**

③ 54÷6＝**9**　　　④ 42÷7＝**6**

⑤ 28÷7＝**4**　　　⑥ 63÷7＝**9**

⑦ 64÷8＝**8**　　　⑧ 48÷8＝**6**

⑨ 54÷9＝**6**　　　⑩ 72÷9＝**8**

13

8 わり算⑥

今日のせいせき
まちがいが
0〜2こ … よくできたね！
3〜5こ … すきこしね
6こ〜 … がんばれ

わる数のだんの九九を使って答えをもとめよう。

1 わり算をしましょう。わり算の答えを書いたあと，使った九九を書きましょう。

① 16÷8＝**2** ⟶ 8×**2**＝16

② 35÷7＝**5** ⟶ 7×**5**＝35

③ 36÷9＝**4** ⟶ 9×**4**＝36

④ 12÷6＝**2** ⟶ 6×**2**＝12

2 わり算をしましょう。

① 36÷6＝**6**　　　② 32÷8＝**4**

③ 81÷9＝**9**　　　④ 14÷7＝**2**

⑤ 64÷8＝**8**　　　⑥ 54÷9＝**6**

⑦ 63÷7＝**9**　　　⑧ 48÷6＝**8**

⑨ 56÷8＝**7**　　　⑩ 49÷7＝**7**

15

うんこ先生からの
ちょうせんじょう 2

～川を早くわたるには？～

のりおくんと
それぞれの
すると目の前

川をわたるに
（または1人＋
ボートしかな

－わたり方の例－
①のりおくんとのりおくんのうんこでわたる。（5分）
②のりおくんだけもどる。（5分）
③のりおくんとみちこさんでわたる。（5分）
④みちこさんだけでもどる。（8分）
⑤みちこさんとみちこさんのうんこでわたる。（8分）
全部で31分。

・ボートをこぐのは，
　のりおくんとみちこさんだけ。
・うんこどうしはいっしょにのれない。
・のりおくんはみちこさんのうんこと
　いっしょにのれない。
・みちこさんはのりおくんのうんこと
　いっしょにのれない。

ぼくが
ボートをこぐと
片道5分さ。

すごい！
わたしなら8分
かかっちゃうわ。

うんこどうしは
2人きりになるとケンカする！

▲のりお　▲みちこ

あいし合っているけれど，おたがいのうんこはあいせない2人。
2人と2このうんこがなかよく川をわたりきるには，
いちばん短い時間で何分かかるでしょうか。

答え **31** 分

14

3 わり算をしましょう。

① 18÷6＝**3**　　　② 40÷8＝**5**

③ 42÷7＝**6**　　　④ 72÷9＝**8**

⑤ 54÷6＝**9**　　　⑥ 56÷7＝**8**

⑦ 18÷9＝**2**　　　⑧ 42÷6＝**7**

⑨ 72÷8＝**9**　　　⑩ 28÷7＝**4**

⑪ 63÷9＝**7**　　　⑫ 48÷8＝**6**

うんこ文章題に
チャレンジ！
2

「うんこに色をぬりたい」という人が6人います。そこで，24色入りの絵の具を，みんなで同じ数ずつ分けることにしました。1人分の絵の具は何色ですか。

式 **24÷6＝4**

答え　**4** 色

16

9 わり算⑦

今日のまちがいが
〇 0〜2こ
〇〜 3〜5こ
〇〜〜 6こ〜

何のだんの九九を使えばよいか考えて、
答えをもとめよう。

❶ 何のお祭りかな。わり算をして、暗号をときましょう。

暗号表（答えの数）

①〜⑦の答え	1	2	3	4	5	6	7	8	9
暗号	で	し	い	ん	が	う	ろ	こ	ね

① 18÷3＝6   ② 36÷9＝4   ③ 32÷4＝8

④ 48÷6＝8   ⑤ 35÷5＝7   ⑥ 40÷8＝5

⑦ 18÷9＝2

問題①〜⑦の順番に暗号を入れよう。どんな言葉がかくれているかな。

①	②	③	④	⑤	⑥	⑦
う	ん	こ	こ	ろ	が	し

祭り

10 わり算⑧

今日のまちがいが
〇 0〜2こ
〇〜 3〜5こ
〇〜〜 6こ〜

まちがえたわり算は、わる数のだんの九九が
すらすら言えるかたしかめよう。

❶ わり算の答えが大きいほうの◻に、〇を書きましょう。

① 45÷9 ◻   21÷3 〇

② 18÷2 〇   32÷4 ◻

③ 42÷6 ◻   45÷5 〇

❷ わり算をしましょう。

① 12÷3＝4   ② 21÷7＝3

③ 63÷9＝7   ④ 64÷8＝8

⑤ 40÷5＝8   ⑥ 20÷4＝5

⑦ 24÷6＝4   ⑧ 32÷8＝4

⑨ 63÷7＝9   ⑩ 81÷9＝9

⑪ 28÷4＝7   ⑫ 48÷6＝8

❷ わり算をしましょう。

① 35÷7＝5   ② 14÷2＝7   ③ 24÷8＝3

④ 40÷5＝8   ⑤ 30÷6＝5   ⑥ 24÷3＝8

⑦ 36÷4＝9   ⑧ 14÷7＝2   ⑨ 72÷8＝9

⑩ 42÷6＝7   ⑪ 28÷7＝4   ⑫ 54÷9＝6

⑬ 81÷9＝9   ⑭ 49÷7＝7

テストに出るうんこ

大ヒット うんこソング ベストテン

★ 第6位

渚でうんこにキスをして
サマー・ウンコ・スターズ

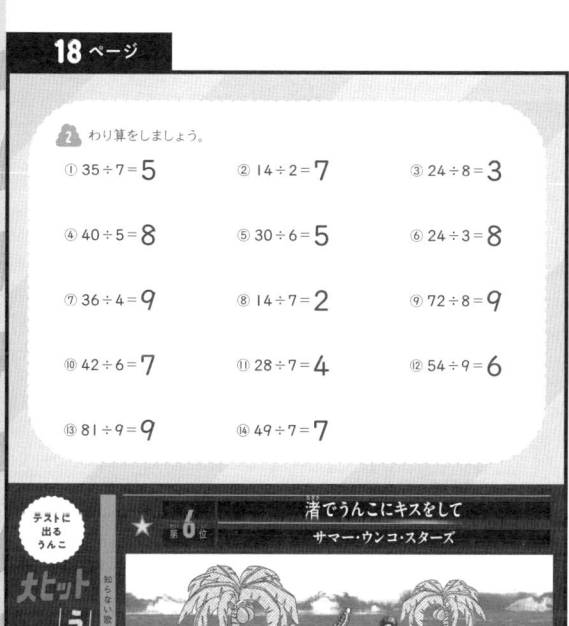

うんこ先生からの

ちょうせんじょう 3

〜もらえるのは、うんこのどの部分？〜

学校の校庭にジャンボうんこを発見！ 持って帰ろうとすると…

答えが6, 7, 8, 9になるわり算の部分がキミの分だ！

と、校長先生に言われました。
キミがもらえるのはどこかな？
計算をして、答えが6, 7, 8, 9になるわり算の部分をぬりつぶそう。

ぬりつぶすと何かうかび上がってくるぞい。

11 0や1のわり算

答えが0や1になるわり算や、1でわる
わり算ができるようになろう。

① わり算をしましょう。

① 0÷3＝**0**

0を 0でけないどんな数で
わっても、答えはいつも0！

② 0÷7＝**0**　　③ 8÷1＝**8**

④ 5÷1＝**5**　　⑤ 9÷9＝**1**

⑥ 3÷3＝**1**　　⑦ 0÷2＝**0**

⑧ 0÷8＝**0**　　⑨ 9÷1＝**9**

⑩ 0÷6＝**0**　　⑪ 5÷5＝**1**

⑫ 4÷1＝**4**　　⑬ 0÷9＝**0**

⑭ 7÷7＝**1**　　⑮ 0÷5＝**0**

⑯ 8÷8＝**1**　　⑰ 0÷1＝**0**

② わり算をして、答えが同じになるものを線でむすびましょう。

7÷1＝**7** — 18÷2＝**9**

6÷6＝**1** — 6÷1＝**6**

0÷4＝**0** — 4÷4＝**1**

24÷4＝**6** — 0÷5＝**0**

81÷9＝**9** — 42÷6＝**7**

うんこ文章題に
チャレンジ！
3

宝箱の中の「ゴールデンうんこ」を3人の海賊が同じ数ずつ分けることになりましたが、宝箱を開けてみると「ゴールデンうんこ」は1こも入っていませんでした。海賊1人分の「ゴールデンうんこ」は何こですか。

式 **0÷3＝0**

答え **0** こ

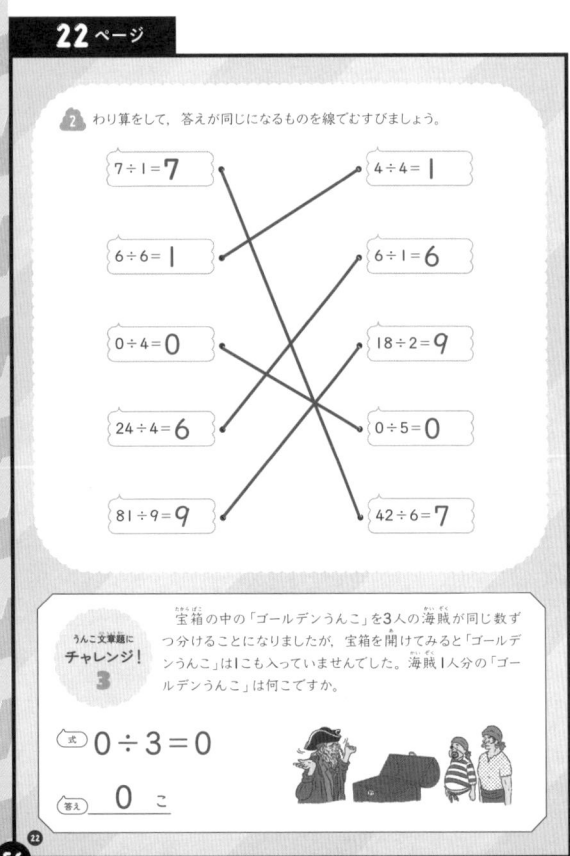

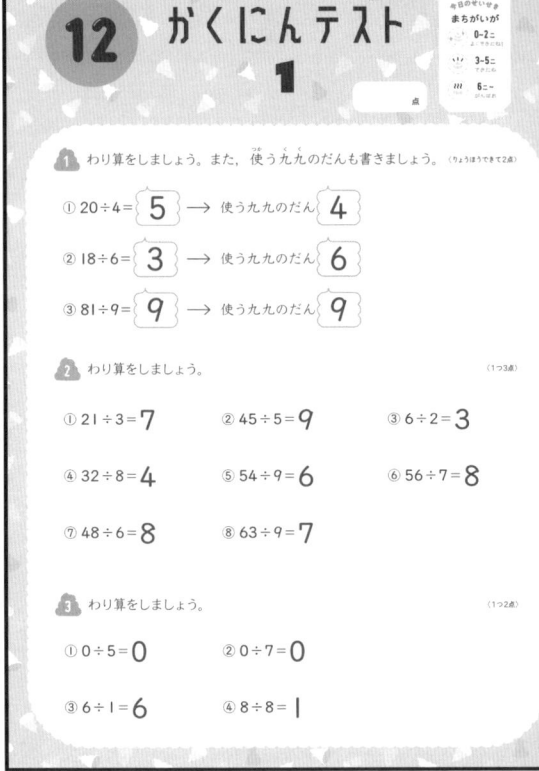

12 かくにんテスト **1**

＿＿点

① わり算をしましょう。また、使う九九のだんも書きましょう。（りょうほうできて2点）

① 20÷4＝**5** → 使う九九のだん **4**

② 18÷6＝**3** → 使う九九のだん **6**

③ 81÷9＝**9** → 使う九九のだん **9**

② わり算をしましょう。 （1つ3点）

① 21÷3＝**7**　　② 45÷5＝**9**　　③ 6÷2＝**3**

④ 32÷8＝**4**　　⑤ 54÷9＝**6**　　⑥ 56÷7＝**8**

⑦ 48÷6＝**8**　　⑧ 63÷9＝**7**

③ わり算をしましょう。 （1つ2点）

① 0÷5＝**0**　　② 0÷7＝**0**

③ 6÷1＝**6**　　④ 8÷8＝**1**

④ わり算をしましょう。 （1つ2点）

① 12÷2＝**6**　　② 25÷5＝**5**　　③ 28÷4＝**7**

④ 0÷8＝**0**　　⑤ 7÷7＝**1**　　⑥ 15÷3＝**5**

⑦ 24÷8＝**3**　　⑧ 0÷2＝**0**　　⑨ 42÷7＝**6**

⑩ 36÷9＝**4**　　⑪ 3÷1＝**3**　　⑫ 21÷7＝**3**

⑬ 10÷5＝**2**　　⑭ 4÷4＝**1**　　⑮ 72÷9＝**8**

⑯ 54÷6＝**9**　　⑰ 56÷8＝**7**　　⑱ 9÷1＝**9**

⑤ 次の大ヒットうんこソング「ウンコニナッチャイソウ」を歌っている人はだれですか。 （26点）

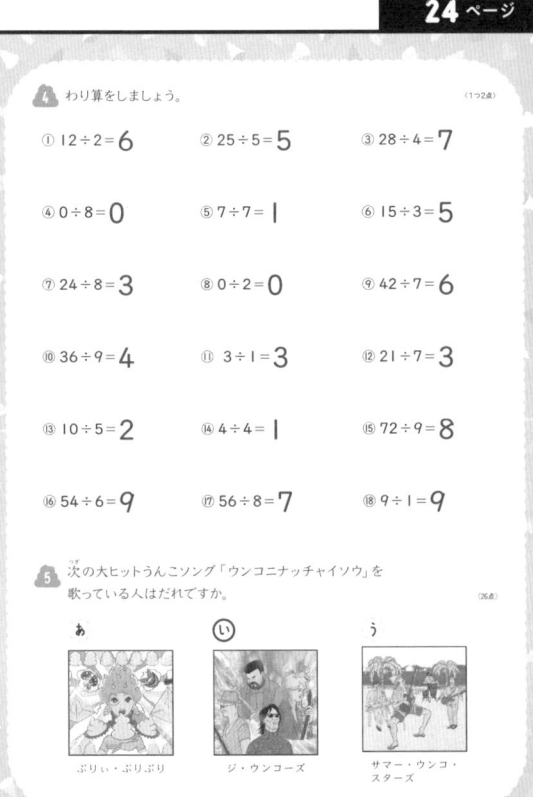

あ ぷりぃ・ぷりぷり

い ジ・ウンコーズ

う サマー・ウンコ・スターズ

13 あまりのある わり算①

今日のせいか
まちがいが
・・ 0〜2こ
・・ 3〜5こ
・・・ 6〜こ

わり算はあまりが出てわりきれないときもあるよ。
あまりはわる数より小さくなるようにしよう。

1　15÷2のわり算のしかたを考えましょう。

△△△△△△△｜△
　　　　　　　　　あまり

15÷2= **7** あまり **1**

2×**7**=14　　15−14=**1**
わる数　　　　わられる数

2　2や3でわるわり算のあまりを，□に書きましょう。

① 4÷2=2　　　　② 6÷3=2

5÷2=2あまり **1**　　7÷3=2あまり **1**

6÷2=3　　　　　8÷3=2あまり **2**

7÷2=3あまり **1**　　9÷3=3

あまりは，わる数より
小さくなるようにするのじゃ。

3　2や3でわるわり算をしましょう。

① 10÷2= **5**　　　　② 11÷2= **5** あまり1

③ 12÷2= **6**　　　　④ 13÷2= **6** あまり1

⑤ 15÷3= **5**　　　　⑥ 16÷3= **5** あまり1

⑦ 17÷3= **5** あまり2　　⑧ 18÷3= **6**

わり算で，あまりがあるときは「わりきれない」，
あまりがないときは「わりきれる」というぞ。

14 あまりのある わり算②

今日のせいか
まちがいが
・・ 0〜2こ
・・ 3〜5こ
・・・ 6〜こ

あまりはわる数より小さくなるよ。
あまりを正しくもとめよう。

1　4でわるわり算で，わる数とあまりの大きさをくらべましょう。

わる数　　あまり

13÷4=3あまり **1**

14÷4=3あまり **2**

15÷4=3あまり **3**

16÷4=4

17÷4=4あまり **1**

18÷4=4あまり **2**

19÷4=4あまり **3**

20÷4=5

△△△△
△△△△
△△△△
△△△

4のかたまりが
できるときは
「わりきれる」，
それ以外は
「わりきれない」から
あまりが出るのじゃ。

あまりはいつも，わる数の4より

▼あてはまるほうを○でかこもう。

（ （小さい）， 大きい ）。

2　5でわるわり算をしましょう。

① 10÷5= **2**　　　　② 11÷5= **2** あまり1

③ 12÷5= **2** あまり2　　④ 13÷5= **2** あまり3

⑤ 14÷5= **2** あまり4　　⑥ 15÷5= **3**

⑦ 16÷5= **3** あまり1　　⑧ 17÷5= **3** あまり2

あまりはわる数より
小さくなっているかのう？

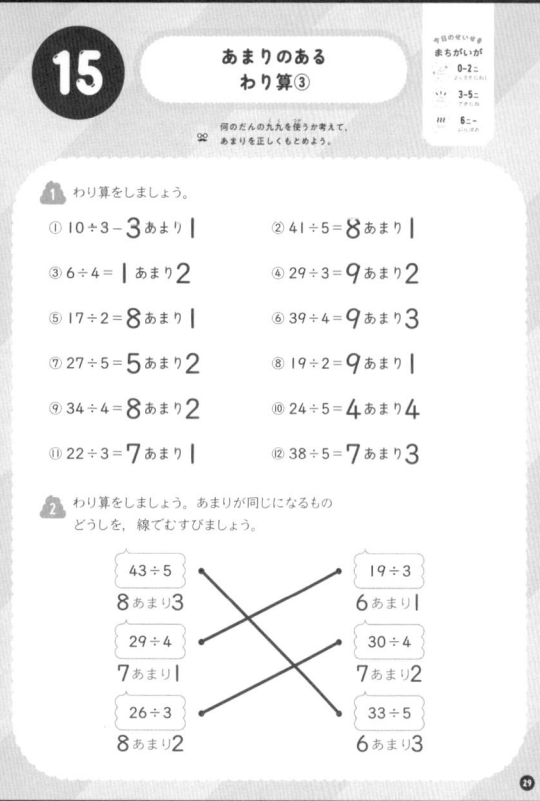

15 あまりのある わり算③

今日のせいせき まちがいが
0〜2こ よくできたね！
3〜5こ できたね
6こ〜 がんばれ

何のだんの九九を使うか考えて，
あまりを正しくもとめよう。

1 わり算をしましょう。

① 10÷3＝**3**あまり**1** 　② 41÷5＝**8**あまり**1**

③ 6÷4＝**1**あまり**2** 　④ 29÷3＝**9**あまり**2**

⑤ 17÷2＝**8**あまり**1** 　⑥ 39÷4＝**9**あまり**3**

⑦ 27÷5＝**5**あまり**2** 　⑧ 19÷2＝**9**あまり**1**

⑨ 34÷4＝**8**あまり**2** 　⑩ 24÷5＝**4**あまり**4**

⑪ 22÷3＝**7**あまり**1** 　⑫ 38÷5＝**7**あまり**3**

2 わり算をしましょう。あまりが同じになるもの
どうしを，線でむすびましょう。

43÷5 — 8あまり3
29÷4 — 7あまり1
26÷3 — 8あまり2

19÷3 — 6あまり1
30÷4 — 7あまり2
33÷5 — 6あまり3

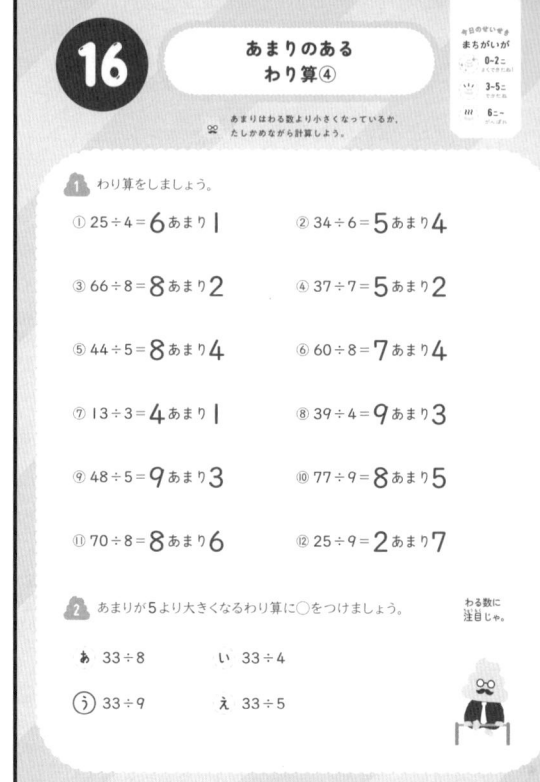

16 あまりのある わり算④

今日のせいせき まちがいが
0〜2こ よくできたね！
3〜5こ できたね
6こ〜 がんばれ

あまりはわる数より小さくなっているか，
たしかめながら計算しよう。

1 わり算をしましょう。

① 25÷4＝**6**あまり**1** 　② 34÷6＝**5**あまり**4**

③ 66÷8＝**8**あまり**2** 　④ 37÷7＝**5**あまり**2**

⑤ 44÷5＝**8**あまり**4** 　⑥ 60÷8＝**7**あまり**4**

⑦ 13÷3＝**4**あまり**1** 　⑧ 39÷4＝**9**あまり**3**

⑨ 48÷5＝**9**あまり**3** 　⑩ 77÷9＝**8**あまり**5**

⑪ 70÷8＝**8**あまり**6** 　⑫ 25÷9＝**2**あまり**7**

2 あまりが5より大きくなるわり算に○をつけましょう。

わる数に
注目じゃ。

あ 33÷8 　い 33÷4

う 33÷9 　え 33÷5

うんこ先生からの
ちょうせんじょう4

〜年れい当てクイズ〜

きみの年れいをズバリ当ててみせるぞい。
5つの計算をしてくれ。

（例）きみが8才とすると

① まず、きみの年れいを
3でわったあまりの数に
70をかけてくれ。
（8÷3＝2あまり2）
　　2 ×70＝ **140**
▲年れいを3でわったあまり

② 同じように、きみの年れいを
5でわったあまりの数に
21をかけてくれ。
（8÷5＝1あまり3）
　　3 ×21＝ **63**
▲年れいを5でわったあまり

③ 今度はきみの年れいを
7でわったあまりの数に
15をかけてくれ。
（8÷7＝1あまり1）
　　1 ×15＝ **15**
▲年れいを7でわったあまり

④ ①〜③の答えの数をすべてたすと……？
（140＋63＋15＝218）
　　218

⑤ その数から、答えが105より
小さい数になるまで何回か
105をひくと……（218−105＝113
　　　　　　　　　113−105＝8）
きみの年れい **8** 才

3 わり算をしましょう。

① 34÷4＝**8**あまり**2** 　② 58÷6＝**9**あまり**4**

③ 22÷5＝**4**あまり**2** 　④ 47÷7＝**6**あまり**5**

⑤ 29÷8＝**3**あまり**5** 　⑥ 50÷6＝**8**あまり**2**

⑦ 63÷8＝**7**あまり**7** 　⑧ 85÷9＝**9**あまり**4**

あまりはいつでも
わる数より小さくなるぞい。

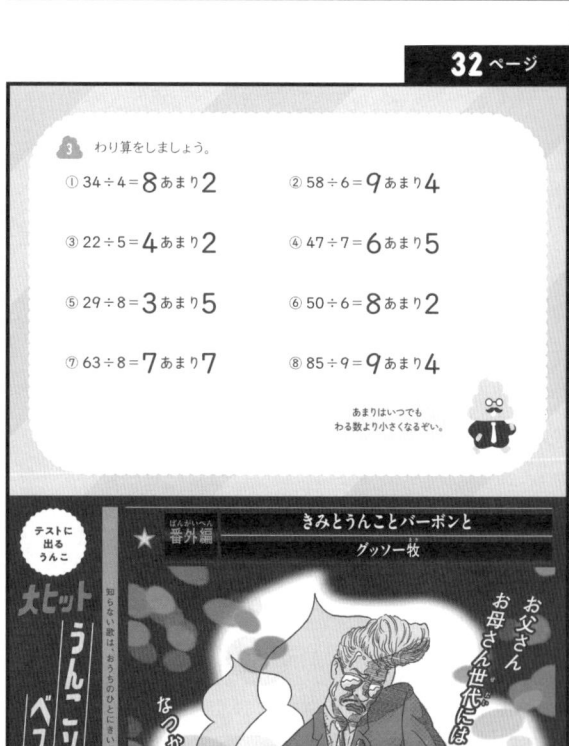

テストに
出る
うんこ

★番外編
きみとうんことバーボンと

グッソー牧

大ヒット
うんこソング
ベストテン

知らない歌は、おうちのひとにきいてみよう！

お父さん
お母さん世代には

なつかしの名曲！

答え

33ページ

17　あまりのあるわり算⑤

わる数のだんの九九を使って、
すらすらわり算ができるようになろう。

1　あまりが3になるわり算に色をぬりましょう。

31÷4			
19÷2	29÷7	70÷9	39÷9
	39÷6		
26÷3	14：5		59÷7
	47÷7		
67÷8	48÷5		

2　わり算をしましょう。

① 38÷5＝**7**あまり**3**　　② 64÷7＝**9**あまり**1**

③ 59÷9＝**6**あまり**5**　　④ 11÷6＝**1**あまり**5**

⑤ 78÷8＝**9**あまり**6**　　⑥ 50÷9＝**5**あまり**5**

全部わりきれないぞ。
あまりに注意じゃ

34ページ

3　わり算をしましょう。

① 38÷8＝**4**あまり**6**　　② 19÷7＝**2**あまり**5**

③ 43÷6＝**7**あまり**1**　　④ 27÷4＝**6**あまり**3**

⑤ 28÷9＝**3**あまり**1**　　⑥ 29÷5＝**5**あまり**4**

⑦ 69÷8＝**8**あまり**5**　　⑧ 28÷3＝**9**あまり**1**

⑨ 29÷6＝**4**あまり**5**　　⑩ 17÷2＝**8**あまり**1**

⑪ 30÷7＝**4**あまり**2**　　⑫ 42÷5＝**8**あまり**2**

⑬ 76÷9＝**8**あまり**4**　　⑭ 60÷8＝**7**あまり**4**

⑮ 53÷7＝**7**あまり**4**　　⑯ 71÷9＝**7**あまり**8**

うんこ文章題に
チャレンジ！4

1このうんこをかべにとめるのに、くぎを6本使います。
くぎは35本あります。かべにとめることができるうんこは
何こで、くぎは何本あまりますか。

（式）**35÷6＝5あまり5**

（答え）**5**こで、くぎは**5**本あまる。

35ページ

18　かくにんテスト2　　点

1　26÷6の答えを、わる数の6のだんの九九と、ひき算を使ってもとめましょう。　（全部できて5点）

わられる数　わる数
26÷6＝**4**あまり**2**

6×**4**＝24, あまりは**26**−24＝**2**
わる数　　　　わられる数

2　62÷7の答えを、わる数の7のだんの九九と、ひき算を使ってもとめましょう。　（全部できて5点）

62÷7＝**8**あまり**6**

7×**8**＝56, あまりは**62**−56＝**6**

3　わり算をしましょう。　（1つ3点）

① 25÷3＝**8**あまり**1**　　② 38÷7＝**5**あまり**3**

③ 31÷4＝**7**あまり**3**　　④ 60÷9＝**6**あまり**6**

⑤ 17÷2＝**8**あまり**1**　　⑥ 47÷6＝**7**あまり**5**

⑦ 55÷8＝**6**あまり**7**　　⑧ 34÷5＝**6**あまり**4**

36ページ

4　わり算をしましょう。　（1つ2点）

① 11÷2＝**5**あまり**1**　　② 39÷9＝**4**あまり**3**

③ 42÷5＝**8**あまり**2**　　④ 59÷8＝**7**あまり**3**

⑤ 14÷3＝**4**あまり**2**　　⑥ 68÷7＝**9**あまり**5**

⑦ 55÷6＝**9**あまり**1**　　⑧ 23÷4＝**5**あまり**3**

⑨ 51÷7＝**7**あまり**2**　　⑩ 70÷8＝**8**あまり**6**

⑪ 31÷6＝**5**あまり**1**　　⑫ 65÷7＝**9**あまり**2**

⑬ 57÷9＝**6**あまり**3**　　⑭ 62÷8＝**7**あまり**6**

⑮ 38÷4＝**9**あまり**2**　　⑯ 46÷5＝**9**あまり**1**

5　大ヒットうんこソング第4位にかがやいた
ブリッとうんこガール48合唱団は全部で何人ですか。　（26点）

あ　3人

い　7人

う　48人

答え

19 あまりのある わり算⑥

あまりのあるわり算の答えのたしかめができるようになろう。

1 あまりのあるわり算は，下の計算で答えをたしかめることができます。

$$33 \div 4 = 8 \text{あまり} 1$$

たしかめ $4 \times 8 + 1 = 33$

わられる数になれば正しい！

2 次のわり算の答えをたしかめましょう。

わられる数になったら○してかこもう。

① $49 \div 9 = 5 \text{あまり} 4$

たしかめ $9 \times 5 + 4 = 49$ なった！

② $53 \div 6 = 8 \text{あまり} 5$

たしかめ $(6 \times 8 + 5 = 53)$ なった！

③ $41 \div 7 = 5 \text{あまり} 6$

たしかめ $(7 \times 5 + 6 = 41)$ なった！

④ $55 \div 8 = 6 \text{あまり} 7$

たしかめ $(8 \times 6 + 7 = 55)$ なった！

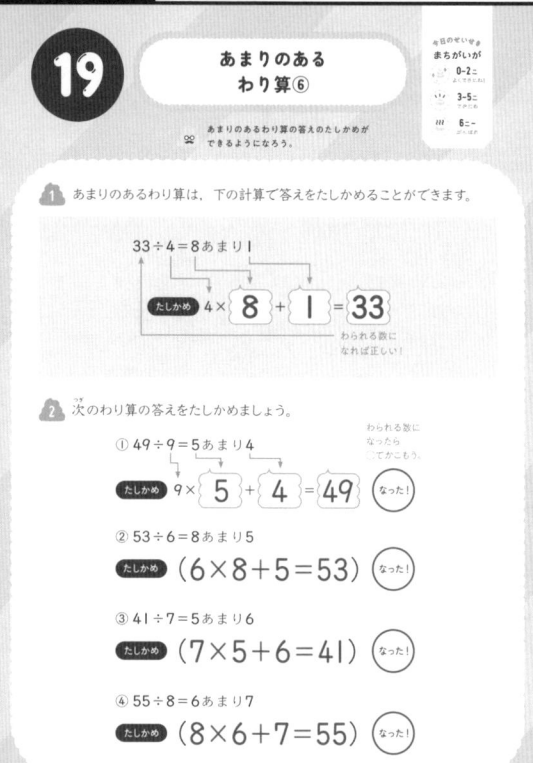

20 あまりのある わり算⑦

わり算の答えをたしかめる練習をしよう。

1 わり算をして，答えをたしかめましょう。

$$41 \div 6 = \boxed{6} \text{あまり} \boxed{5}$$

たしかめ あまりが，わる数の6より小さくなっているかたしかめる。

$6 \times \boxed{6} + \boxed{5} = 41$ わられる数の41になれば正しい。

2 次のわり算が正しいときは○を，まちがっているときは正しい答えを書きましょう。

① $52 \div 9 = 5 \text{あまり} 7$ （ ○ ）
② $25 \div 4 = 5 \text{あまり} 5$ （ 6あまり1 ）

③ $36 \div 7 = 5 \text{あまり} 6$ （ 5あまり1 ）
④ $31 \div 8 = 4 \text{あまり} 1$ （ 3あまり7 ）

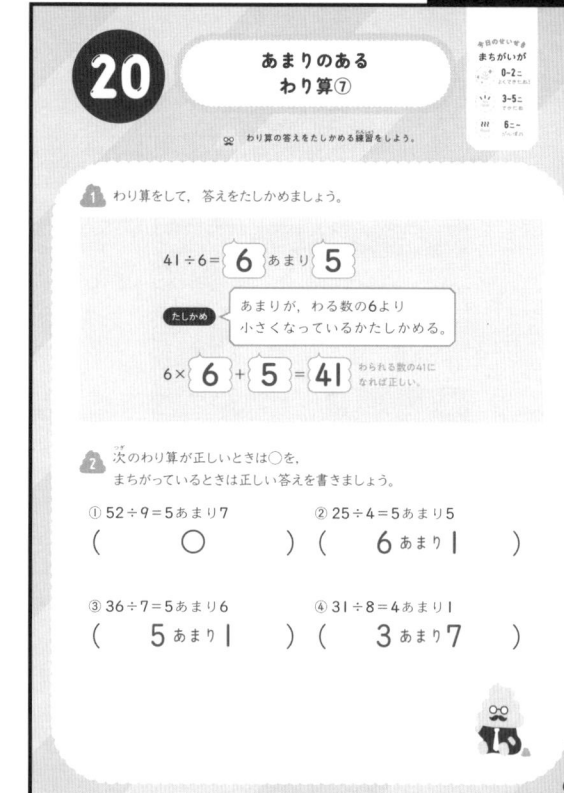

3 わり算をしましょう。わりきれるわり算の□に，○を書きましょう。

① $28 \div 3 = 9 \text{あまり} 1$ [ ]
② $37 \div 5 = 7 \text{あまり} 2$ [ ]

③ $16 \div 2 = 8$ [○]
④ $40 \div 6 = 6 \text{あまり} 4$ [ ]

⑤ $54 \div 7 = 7 \text{あまり} 5$ [ ]
⑥ $26 \div 4 = 6 \text{あまり} 2$ [ ]

⑦ $63 \div 9 = 7$ [○]
⑧ $53 \div 8 = 6 \text{あまり} 5$ [ ]

3 わり算をしましょう。わりきれるわり算の□に，○を書きましょう。

① $39 \div 5 = 7 \text{あまり} 4$ [ ]
② $27 \div 3 = 9$ [○]

③ $53 \div 8 = 6 \text{あまり} 5$ [ ]
④ $48 \div 6 = 8$ [○]

⑤ $32 \div 9 = 3 \text{あまり} 5$ [ ]
⑥ $52 \div 8 = 6 \text{あまり} 4$ [ ]

⑦ $35 \div 4 = 8 \text{あまり} 3$ [ ]
⑧ $62 \div 7 = 8 \text{あまり} 6$ [ ]

答え

21 あまりのある わり算⑧

今日のせいせき
まちがいが
0-2こ…
3-5こ…
6こ…

あまりがわる数より小さくなることを使って考えてみよう。

1 次の⦿〜⦿の計算で、あまりが6になるわり算が1つだけあります。計算をしないで見つけて、記号で答えましょう。

⦿ 17÷3   ⦿ 25÷4   ⦿ 34÷7

⦿ 32÷6   ⦿ 36÷5

あまりが6になるのは（ ⦿ ）

あまりはわる数よりどうなるんじゃったかな？

2 次のわり算が正しいときは○を、まちがっているときは正しい答えを書きましょう。

① 20÷7=3あまり1
（ 2あまり6 ）

② 46÷5=8あまり6
（ 9あまり1 ）

③ 62÷8=7あまり6
（ ○ ）

答えが正しいかたしかめる式を思い出そう。

---

3 次のわり算はまちがっています。まちがっている理由を線でむすびましょう。

36÷5=6あまり6   48÷7=7あまり1

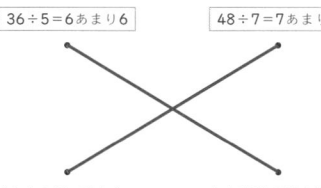

たしかめをしてもわられる数にならない。
（48÷7=6あまり6）

あまりがわる数より大きくなっている。
（36÷5=7あまり1）

まちがっている理由をむすべたら、正しい答えを出してみるのじゃ。

うんこ文章題にチャレンジ！ 5

天才画家のピクソが自分のうんこを何まいもスケッチしています。うんこの絵を1まいかくのに9分かかります。46分でうんこの絵は何まいかんせいしますか。

式 46÷9=5あまり1

答え 5まい

---

22 大きい数のわり算①

今日のせいせき
まちがいが
0-2こ…
3-5こ…
6こ…

答えが10をこえるわり算は10のまとまりで考えて計算しよう。

1 60÷2の計算のしかたを考えます。

10のまとまりで考える。

60は、10が 6 こだから、60÷2は、10が 6÷2 こ。

6÷2は3なので、10が3こで 30 。

だから、60÷2= 30

2 わり算をしましょう。

① 40÷2= 20   ② 30÷3= 10

③ 90÷9= 10   ④ 80÷4= 20

⑤ 60÷3= 20   ⑥ 70÷7= 10

⑦ 80÷2= 40   ⑧ 50÷5= 10

⑨ 40÷4= 10   ⑩ 90÷3= 30

---

3 39÷3の計算のしかたを考えます。

何十といくつに分けて考える。

39÷3
30 9

30 ÷3= 10
9 ÷3= 3

あわせて 13   だから、39÷3= 13

4 わり算をしましょう。

① 42÷2= 21   ② 36÷3= 12   ③ 84÷4= 21

④ 64÷2= 32   ⑤ 96÷3= 32   ⑥ 77÷7= 11

答え

23 大きい数のわり算②

大きい数のわり算は、10のまとまりや
何十といくつに分けて計算しよう。

❶ わり算をして、答えが同じになるものを線でむすびましょう。

$80÷8=10$ — $30÷3=10$
$40÷2=20$ — $80÷4=20$
$90÷3=30$ — $60÷2=30$

❷ わり算をしましょう。

① $28÷2=14$　　② $66÷3=22$

③ $68÷2=34$　　④ $84÷2=42$

⑤ $55÷5=11$　　⑥ $69÷3=23$

⑦ $82÷2=41$　　⑧ $99÷9=11$

⑨ $42÷2=21$　　⑩ $96÷3=32$

❸ わり算をしましょう。

① $80÷2=40$　　② $26÷2=13$

③ $40÷4=10$　　④ $33÷3=11$

⑤ $62÷2=31$　　⑥ $60÷3=20$

⑦ $20÷2=10$　　⑧ $44÷4=11$

⑨ $86÷2=43$　　⑩ $60÷6=10$

⑪ $46÷2=23$　　⑫ $93÷3=31$

うんこ文章題にチャレンジ！6

けんすけくんが乗ったバスは、終点の前まで63のバスていにとまります。バスていを3つ進むごとに、うんこを持ったおじさんが1人乗ってきます。終点までに何人のおじさんが乗ってきましたか。

式 $63÷3=21$

答え 21人

24 かくにんテスト3

点

❶ 次の⑰～㋐の計算で、あまりが7になる計算が1つだけあります。記号で答えましょう。 (3点)

⑰ $52÷7$　　㋑ $26÷4$　　㋒ $31÷8$
㋓ $47÷5$　　㋔ $53÷6$

あまりが7になるのは ㋒

❷ 次のわり算が正しいときは○を、まちがっているときは正しい答えを書きましょう。 (1つ2点)

① $71÷9=8$あまり1 （ 7あまり8 ）

② $34÷7=4$あまり6 （ ○ ）

③ $19÷3=5$あまり4 （ 6あまり1 ）

❸ わり算をしましょう。 (1つ2点)

① $80÷4=20$　② $60÷2=30$　③ $70÷7=10$

④ $90÷3=30$　⑤ $28÷2=14$　⑥ $48÷4=12$

⑦ $96÷3=32$　⑧ $55÷5=11$

❹ わり算をしましょう。 (1つ3点)

① $33÷5=6$あまり3　　② $46÷7=6$あまり4

③ $29÷6=4$あまり5　　④ $18÷4=4$あまり2

⑤ $58÷8=7$あまり2　　⑥ $70÷9=7$あまり7

⑦ $31÷7=4$あまり3　　⑧ $63÷8=7$あまり7

⑨ $50÷6=8$あまり2　　⑩ $44÷9=4$あまり8

⑪ $13÷3=4$あまり1　　⑫ $36÷8=4$あまり4

⑬ $20÷6=3$あまり2　　⑭ $79÷8=9$あまり7

⑮ $53÷7=7$あまり4　　⑯ $43÷8=5$あまり3

⑰ $15÷2=7$あまり1　　⑱ $38÷4=9$あまり2

❺ 大ヒットうんこソングの第1位は「世界中のだれよりもうんこがしたい」でした。この歌の中に「うんこ」という言葉は何回出てきますか。 (21点)

あ 1回
い 39回
㋒ 99回

Buri-ya

答え

㉕ まとめテスト
3年生のわり算

今日のせいせき
まちがいが
・ 0〜2こ
・・ 3〜5こ
・・・ 6こ〜

点

１ わり算をしましょう。 (1つ2点)

① 15÷3＝5   ② 24÷6＝4

③ 18÷2＝9   ④ 0÷4＝0

⑤ 42÷7＝6   ⑥ 36÷9＝4

⑦ 72÷8＝9   ⑧ 7÷1＝7

⑨ 56÷7＝8   ⑩ 30÷5＝6

⑪ 27÷9＝3   ⑫ 48÷6＝8

⑬ 5÷5＝1   ⑭ 28÷4＝7

⑮ 32÷8＝4   ⑯ 24÷3＝8

⑰ 54÷6＝9   ⑱ 21÷7＝3

⑲ 63÷9＝7   ⑳ 48÷8＝6

49

２ わり算をしましょう。 (1つ2点)

① 27÷6＝4あまり3   ② 38÷4＝9あまり2

③ 28÷2＝14   ④ 21÷5＝4あまり1

⑤ 46÷8＝5あまり6   ⑥ 17÷3＝5あまり2

⑦ 55÷7＝7あまり6   ⑧ 62÷9＝6あまり8

⑨ 33÷7＝4あまり5   ⑩ 71÷8＝8あまり7

⑪ 77÷7＝11   ⑫ 89÷9＝9あまり8

３ 次の歌を歌った人はだれですか。それぞれ線でむすびましょう。
(全部できて16点)

「直腸の
だれよりも
うんこがしたい」 ———————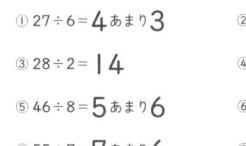
Buri-ya

「うんこうんこ」 ⤬
エクソダス

「ウェルカム・トゥ・
うんこナイト」
ザ・グリーンウンコ

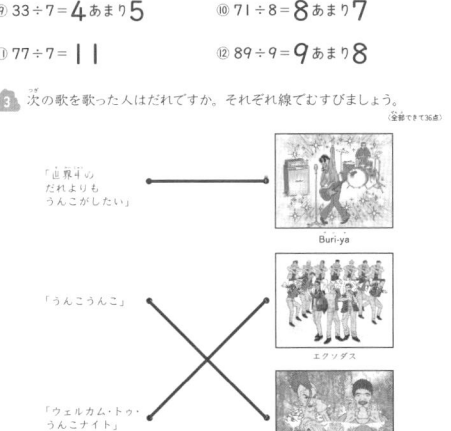

50

63

計算などで
自由に使おう！

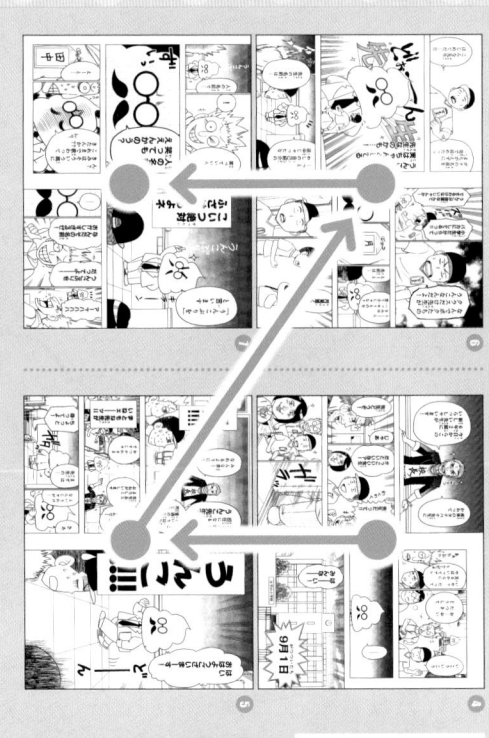

4

9月1日
主手山小学校
はーーい！
みんなーー
……
いこういこう
お…おい
たつき
どうして
いやァ だって
見るからに
やばいってアレ
うんこだよ
まぁ たしかに
産休のタチバナ先生に
かわって
イケメン
今日からこの
6年2組に
新しい先生が
いらっしゃいます！
おっ！
新しい
先生だって!!
わくわく
かっこいい先生
だといいなァー
じゃあ
先生どうぞ！
ガラッ

5

はい
おはようございまーす！
どーーーん
うんこ!!!!!
こちら新しく
担任になる
うんこ先生です
みんな早く
なれるように〜
みなさん
よろしくですじゃ
うんこ
という以外は
普通の先生と
同じなので
無理!!!!
じゃあ私は
日焼けサロンに
行くのでこれでー
先生あと
よろしく
おねがいします
おつかれさま
ですじゃ
まともな先生が
いねエーーッ!!
さぁ
というわけ
なんじゃが…
まずは
先生の…
ちょっと
待ってよ！
ガタッ

6

なんでボクたちの
クラスだけ先生が
うんこなんだよ！
小学生だからって
バカにしてるっ!!
ズバババッ
うんこが授業なんて
できるわけないじゃんか！
うーーん
きみは
ハッキリものを
言う子じゃなァ
えーと
名前は…
月見里
月見里くんか
…！
ボ…
ボクの名前を
まちがえずに
一発で読めたァッ
こんな先生
はじめてだ…!!!
どぉーーん
先生
うんこだけど
実はちゃんとしてる
先生なのかも…！
…っと
わしの自己紹介の
途中じゃったな
先生の名前は…
カッ

7

「うんこぶりを」
と言います
キラーン
うんこぶりを
こいつ絶対
ふざけてるよネ
アーッハハハハ
!!!
うんこぶりを
だってよーー！
なんだその名前
おかしすぎるぜ！
……
うんこぶり
人の名前で…
！
笑っていいんかのう
人の名前で
笑っても
ええんかのう?
ずいっ
ん？
きみはそういう風に
これまで襲われて
きたんか??
ん？
ちげェ
えーと…
田中

8

田中くん…
ブブッ ふつう!!!
ぶばっ
たなかて!!
失礼な奴だな!!!
わしが困っとったのに学校の場所を教えてくれんかった…
困っとる人には親切にせんといかんじゃろ?
だ…だって
怪しかったからだよ!!
あんなとこにうんこなんか座ってたら逃げるに決まってるじゃん!!!
ところできみたちは…
コホン
昨日わしにウソをついたのう
?
あ
このあたりに主手山小学校という学校はないかのう
そんな学校知らないなぁ?
えっ
そういえば……!!
!!
あ…あやしい…
わしが…

9

ただうんこってだけじゃろ…???
ガーーン
それで十分だ!!!!!
うーむ どうも日本は遅れとっていかん
もう海外では人とうんこは半々くらいなんじゃが…
さらっとうそをつくな!!!
ピキキッ
まぁええ!! とにかくわしはうんこじゃがちゃんとした先生なのじゃ!!
わしが担任になったからには…
きみらを
ナンバーワンにしちゃうのじゃぞい!!!
くるっ
ナ…
ナンバーワン…!!!
本当に…??
もちじゃッ!! わしには見えるぞい!
きみらがこの町…いや!
この県…いや!
この日本でナンバーワンの…

10

おすもうさんになっとる姿が!!!!
ワー ワー
なぜ!!!!!!?
もういいよ… 絶対ふざけてるこのバカうんこ!!
ちょちょちょ
ふつうの先生がいいよ! 校長先生に言いに行こう
待ってくれ 待ってくれい!!
ゾロゾロ
ドドド
わしを先生として認めるかどうか…
これを見てから判断してほしいのじゃ!
ぐ…
ふつうの先生には… 絶対にこんなことできんぞい!!
ぐぐ…
おおお~~~!!!

11

ぼわんっ
ひげ濃くなっただけ~~~ッ!!!?!
そしてキモイ!
ハァ ハァ ハァ ハァ
ひげUPをつかいすぎた…
バタリ
しかもなんか死にかけてる!!!!
ちぇっ
なんだよ 変身でもするのかと思ったじゃん
それならちょっと面白かったのに!!
オレもビーム光線とか出るのかと思ったぜ
出るわけないでしょ! バカばっかね
変身とビームくらいなら…
ゴワッ
……

12

ズバーン!!

うおお

ばっか

13

バカ男子!!

14

誰がそんなの決めたんじゃ？

先生…!!

うわー先生ー!!

15

うそでしょ!?

なんなの!!!!

〈おはよう！らんこ先生・第1話／おわり〉

クリアファイル

うんこドリル セット 購入者 限定！
学習に役立つ 特別 ふろく 付き

したじき
シール付 うんこノート

➡ ご購入は各QRコードから ➡

	小学**1**年生	小学**2**年生	小学**3**年生
漢字セット	**漢字セット** 2冊 かん字/かん字もんだいしゅう編  	**漢字セット** 2冊 かん字/かん字もんだいしゅう編 	**漢字セット** 2冊 漢字/漢字問題集編  
算数セット	**算数セット** 3冊 たしざん/ひきざん 文しょうだい 	**算数セット** 4冊 たし算/ひき算/かけ算 文しょうだい 	**算数セット** 4冊 たし算・ひき算/かけ算 わり算/文章題  
オールインワンセット 〈全部入り！〉	**オールインワンセット** 7冊 かん字/かん字もんだいしゅう編 たしざん/ひきざん/文しょうだい アルファベット・ローマ字/英単語 	**オールインワンセット** 8冊 かん字/かん字もんだいしゅう編 たし算/ひき算/かけ算/文しょうだい アルファベット・ローマ字/英単語  	**オールインワンセット** 8冊 漢字/漢字問題集編/たし算・ひき算 かけ算/わり算/文章題 アルファベット・ローマ字/英単語  

※セットによって特別ふろくの内容は異なります。

子どもたちの学びのプラットフォーム

パソコンやタブレットで遊ぶのじゃ！

うんこワールドをのぞいてみよう！

登録不要・無料

world.unkogakuen.com

うんこワールド

1 学校じゃ教えてくれない "生きていく上で大切な知識" をゲームで学ぼう！

キミはいくつクリアできる？

 地震

 台風

 SDGs

 安全

 お金

ゲームをクリアして
うんこをコレクションしよう！

2 「うんこ例文タイピング」でタイピング練習・英単語学習もできる！

3 反復学習の全く新しいカタチ！小学3〜6年生向け学習教材「うんこゼミ」が体験できる！

くわしい内容や
費用はこちら

国語 算数 理科 社会 ＋ 英語 教養